# 普洱茶

## 观察笔记

坤土之木 著

中国财政经济出版传媒集团
中国财政经济出版社

图书在版编目（CIP）数据

普洱茶观察笔记／坤土之木著．－－北京：中国财政经济出版社，2020.4

ISBN 978－7－5095－9741－5

Ⅰ.①普… Ⅱ.①坤… Ⅲ.①普洱茶－茶文化 Ⅳ.①TS971.21

中国版本图书馆 CIP 数据核字（2020）第 052623 号

责任编辑：吕小军　　　　　责任校对：徐艳丽
封面设计：思梵星尚

中国财政经济出版社 出版

URL：http：//www.cfeph.cn
E－mail：cfeph @ cfeph.cn
（版权所有　翻印必究）

社址：北京市海淀区阜成路甲 28 号　邮政编码：100142
营销中心电话：010－88191537
北京富生印刷厂印刷　各地新华书店经销
710×1000 毫米　16 开　12.25 印张　180 000 字
2020 年 6 月第 1 版　2020 年 6 月北京第 1 次印刷
定价：50.00 元
ISBN 978－7－5095－9741－5
（图书出现印装问题，本社负责调换）
本社质量投诉电话：010－88190744
打击盗版举报热线：010－88191661　QQ：2242791300

品茶

TEA

茶汤

茶汤列

煮茶之汤

文化与茶汤(钧瓷杯)

# 本书主要知识点索引

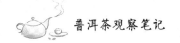

# 目　录

# 主要出场人物

坤土之木：证券从业人士，葡萄酒伪专家，普洱茶真小白。

泉　　景：银行从业人士，骨灰级老茶客，深得茶禅一味。

川　　普：银行从业人士，精细范老茶客，中西合璧探茶。

泉　　普：资管从业人士，体察茶气入经，以老茶会新友。

阳　　光：职业投资人士，探究生活品质，融合传统现代。

易　　武：银行从业人士，理工男爱喝茶，微观视茶先锋。

卿　　泉：银行从业人士，琴瑟和鸣品茶，更得茶中意味。

茶　　颖：证券从业人士，品得茶中雅趣，最爱老茶滋味。

生　　姜：自由投资人士，以茶养生养性，静待新茶变老。

肉　　桂：金融科技人士，初访茶山迷途，谁知却是新道。

勐　　混：信托从业人士，养气古茶园中，新茶道践行者。

天线宝宝：基金从业人士，体悟传统文化，茶中可遇知音。

大力水手：上市公司高管，高起点初学者，颇得茶中滋味

三　　宝：蜀中中医名家，传统医学传人，茶方亦为药方。

郎 中 令：资深中医专家，医中名门传人，茶医果可相遇。

黑 郎 中：资深中医专家，医中名门传人，茶中可寻医道。

牙　　医：巴中中医新秀，深谙传统文化，滇中访茶常客。

道　　子：长白书画名家，意境浑然天成，深爱茶气入体。

茶 小 二：资深普洱茶人，最喜熟茶之味，零二熟茶我有。

小 米 粥：资深普洱茶人，最爱熟茶之道，一二熟茶珍藏。

老　　兵：资深普洱茶人，生茶滋味至上，班章却有五村。

观　　止：自由投资人士，静观新茶廿载，尽享转化之味。

老　　鹰：证券投资达人，误入普洱深处，老茶如此芬芳。

罗浮山人：私募从业人士，老茶品饮达人，悠然自家茶园。

许 老 师：骨灰级老茶客，藏生茶品老茶，老茶界博物馆。

茶　　言：文艺文化达人，品茶须观汤色，生活遇见美茶。

# 葡萄美酒普洱茶

一位普洱茶爱好者在葡萄酒会上突发奇想，将葡萄酒和普洱茶进行比较，发现两者形似又神似：葡萄酒的风土 V.S. 普洱茶的水土；十大名庄酒 V.S. 十大名寨茶；酒越放越好 V.S. 茶越陈越香；酒气 V.S. 茶气。还有，两者都讲口感变化，都看重树龄，都有适饮期……

**茶汤剔透**

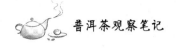

地点：广州

人物：我（坤土之木）、小诸葛、小孟获、小拉菲

记得是在南非世界杯的那一年，有几个一直想学葡萄酒品鉴的家伙，带着各自心仪的酒从四面八方凑到广州，叫嚣着要按标准流程品一次酒。广州的朋友负责找地方，最后选了一家专业酒窖作为品酒之所。同时，大家还一致要求我这个葡萄酒行业外专家，给大家讲讲葡萄酒文化云云。说实在的，我的葡萄酒水平也很"水"。只不过因为跟着几位"骨灰级"爱好者喝了几年，术语听多了也能侃侃葡萄酒文化之我见，居然就被众人视为葡萄酒"大师"了。

# 从葡萄酒到普洱茶

步入酒窖包房，我四处打量了一番，发现这里的水平很不错：酒杯样式齐备，整齐排列，居然还区分了波尔多杯和勃艮第杯；醒酒器也摆了若干，形状不一；最关键的当然是酒品，已经按照餐前、主酒和餐后的顺序排成一列纵队。看这架势，今天大家是真的要体验一下酒会的风尚。

照例，酒前先确认一下阵型和打法。小拉菲先声夺人："诸位诸位，强调一下，今天只品不拼！"

小孟获快人快语："先品后拼！先品后拼！"

我酒量不行，见状接了一句："今天反正就是这么多瓶，不管什么喝法，不许加酒。"

小孟获连忙打断："此事再议！酒逢知己千杯少，喝兴奋可就不一定了，反正这里是酒窖，拿酒不麻烦。"

大家正说得热闹，侍酒师把装在冰桶里的香槟推过来了，开始准备餐前酒。我扫了一眼冰桶中的那一大堆冰块，胃就忍不住抽搐了几下。

小诸葛接过话题往回拽："今天是要学习喝酒的，顺序应当是边听边品，拼不拼再说。听听坤土之木的讲解才是重点吧？"

大家频频点头，算是达成共识，一次理论加实践的葡萄酒课程就此开始。我清清嗓子，结合桌上的几瓶酒开始讲解葡萄酒的典故……

连吃带喝，断断续续讲了两个钟头，算是结束了"吹牛"环节，接下来是比较轻松的 Q&A。小拉菲先问："听你这么一说，原来法国葡萄酒也是经历了由乱而治的过程，法国的葡萄酒分级体系作用不小啊。"

我回答说："其实，严格说应该是葡萄酒治理体系，光有分级标准还不一定，还得让这个标准在运行中得到落实和保障。有的国家也有分级体系，酒的质量也不错，但只有少数酒庄影响力很大，整体上没达到法国酒的影响力。"

小孟获大为赞同："对！一说葡萄酒大家头一个就想到法国，要说好酒，能叫出名字的几乎都是法国的。"

小孟获接着发问："坤土之木，你说的葡萄酒涨价和跌价，是不是跟你刚才说的适饮期关系很大？"

我拍案叫绝："抓住重点了！适饮期是一个关键因素，名庄酒要装瓶10年后才进入适饮期，而50年后口感会变差。所以，适饮期前的酒便宜；进入适饮期后喝得快，存世量会越来越少，物以稀为贵，酒自然越来越贵；而过了适饮期，品质下滑，自然价格就不灵光了。"

小诸葛之前一直没吭声，这时候插了一句："坤土之木，刚才介绍的那些影响葡萄酒品质的因素，让我很有感觉。老哥我比较喜欢普洱茶，一边听你介绍葡萄酒，一边就往普洱茶上套，对比之后倒觉得发现新大陆了——葡萄酒怎么这么像普洱茶呢？"

这一问打在了我的软肋上，绿茶、红茶、铁观音、岩茶和单枞这些茶我都喝过，但这普洱茶还真是只听过没喝过，基本不懂。没办法，只好反过来请教："啊？这我不了解，要不老哥你给解释解释，让我学习提高一下如何？"

小诸葛点头："好吧，那我就献丑了。听你刚才的意思，决定葡萄酒好坏的首要因素是'风土'，对吧？具体就是土壤、纬度、温度、日照和湿度，这些因素稍有不同就会导致葡萄长得不一样，哪怕两个庄园相隔只有几公里，葡萄酒的味道也会不同，是这个意思吧？"

"我记得你还专门强调了波尔多的情况，产区分为左右岸，两边土质不一样，一边是砂砾石，一边是石灰石。土质不同，适合的葡萄品种就不一样，所以葡萄酒风格也不一样，一边硬朗，一边柔美。"

我连连点头："厉害，记得很准确。就是因为这些自然因素的细微差别，葡萄酒口感千差万别，这种复杂性和多样性也是葡萄酒的魅力所在。很多爱酒之人一直孜孜不倦地找新口感，乐此不疲。"

小诸葛接着说："这就是了，这跟普洱茶的情况像极了。云南也有一种说法，叫做'一方水土一方茶'，说得意思也差不多，就是每个山头的土质、海拔、光照、温度和水分都不一样，所以普洱茶的口感也是千差万别，哪怕距离几公里，味道也差很多！举个例子：老班章，这个听说过吗？"

我微笑点头："听过没喝过，好像是最好的普洱茶吧？"

小诸葛也笑了："差不多是这个意思。老班章旁边有个新班章，再远一点是老曼峨。他们之间的距离很近，没记错的话，老班章距离新班章7公里，新班章距离老曼峨5公里，但这三个寨子出的茶却是三种风格。老班章的特点是茶气猛、苦涩重、回甘好；老曼娥是苦重、涩弱、生津好，回甘快；新班章位于中间，所以茶气不太猛，苦没那么重，又苦又涩化得快！"

我竖起大拇指说："佩服佩服，老哥果然是普洱专家，这下长见识了。听老哥这么一说，普洱茶确实跟葡萄酒颇为相似。"

小诸葛连忙说："不敢不敢，我可不算专业，就是业余喜欢喝。回到刚刚说的三个寨子，其实用葡萄酒风土的概念也能解释，土质不一样、海拔不一样、光照什么的肯定也不一样！虽然只是几公里距离，差别却很大。我听经常去茶山的人说，同一个山头每年的品质也不一样。"

听到这儿，我赶紧插了一句："这我能理解，这跟葡萄酒的年份概念很像，有好年份，有普通年份。同一个酒庄的酒，每年的品质也不一样，好年份的酒抢得人多，比普通年份要贵不少！普洱茶是不是也这样？"

小诸葛继续侃侃而谈："还真是这么回事！再想想整个云南有多少座茶山？一座山里有多少山头和寨子？一个寨子对应一款茶的话，那得有多少种普洱茶！刚才说的老班章是名气最大的一个寨子，不过最近这两年冰岛的名气也大起来了，很有赶超老班章的架势。说起来，普洱茶里面也有十大名寨的说法，跟你说的波尔多十大名庄的意思差不多。"

我点点头："我原来一直以为老班章代表着普洱茶的级别，名气那么大，一定是普洱茶顶级标准。今天算是正本清源了！没想到普洱茶可以按山头分类，这以前从没听说，今天真是受益匪浅！受益匪浅！我必须敬你一杯！"我们两人举杯相碰，一饮而尽。

小诸葛放下手中酒杯，用带着一丝歉意的口吻说："不好意思，刚才喝得有点兴奋，说多了。今天主要目的是品酒，让我把话题给带歪了！坤土之木，抱歉抱歉！"

我正听得兴致盎然，哪肯让话题结束，赶紧接过话头："别啊，正听得入迷，继续继续。反正刚刚酒的话题也说了个七七八八，这个话题正好补上，关键是两个话题还能相互印证，没准还能碰撞出什么新火花。"为表诚意，我学古人摸样起身双手作了一个揖："恳请老哥继续！愿听后续分解！"

葡萄酒助兴，旁边几位也跟着起哄，纷纷说今天的话题有意思，东西方文化交汇，务必要充分享受一下中西交融的感觉。

小诸葛在大家鼓动之下，笑容满面地拱拱手说："好！却之不恭，那我就再接着聊一聊。坤土之木刚刚说，葡萄酒一定要慢慢品着喝，才能喝出那种从涩到滑、从酸到甜的转变，这是品酒的关键体验过程——味觉和嗅觉上的起伏和变化，这也是决定一款葡萄酒吸引力大不大的要点。这个说法我很有感触，因为当年普洱茶引起我兴趣的关键也是这些——茶汤的变化和复杂性。"

小诸葛说到这儿还有意顿了顿，给大家一点体会时间，然后接着说："我们还是用老班章做例子，刚开始喝第一泡的时候又苦又涩，说难听点儿跟喝中药的感觉有点像，实在不怎么样。但是，第二泡的口感就有变化，苦涩会淡一点儿，最有意思的是，再过一会儿苦涩就像化开一样消失了，接着会舌底生津。"

"到第三泡，苦涩感开始明显减弱，不仅如此，嘴里还能感觉到一点淡淡甜味。这就有意思了，一款茶的变化怎么这么大，喝其他茶的时候可没有这种经历。再之后，第四、第五泡的口感就更好了，等到七八泡的时候，苦涩味无影无踪，回甘越来越明显，差不多能有点冰糖水的意思。"

"这种过程回想一下，简直说得上是惊艳，印象绝对深刻！说起来，今天我们喝这几款葡萄酒的变化过程，跟普洱茶变化过程很相似。不过说句实话，我觉得普洱茶变化的复杂程度比葡萄酒可能还要厉害几分。"

我若有所思："这么一说，我有点动心了，看来得找个机会体验一下。看看到底是葡萄酒的变化多还是普洱茶的变化多，有意思！"

小诸葛："对，刚才我就觉得你喝葡萄酒的感觉挺敏锐，喝普洱茶的感觉肯定不会差，没准还能喝出我感受不到的滋味呢。有机会一定要尝尝普洱茶，没准你也会喜欢。"

我表示赞同："是的，一定找机会尝尝。"

## 适饮期、树龄与茶气

又聊了几句酒的话题，我开始心不在焉，脑子里全是普洱茶和葡萄酒的比较。实在按捺不住好奇心："老哥，能不能请你稍微展开一些，我觉得普洱茶的话题有意思。"

小诸葛微笑："那还是接着变化这个点来说吧。坤土之木，刚才你讲到葡萄酒的适饮期，这个概念特别好，也是很触动我的一点。嘿嘿，我觉得普洱茶也有类似的情况，但普洱茶圈里好像没有谁用过适饮期这个词。坤土之木，我是这么理解葡萄酒适饮期的，你看看对不对。"

顿了一顿，小诸葛继续："刚装瓶的葡萄酒其实并没有成熟，味道有点酸涩，香气也不行，开瓶后不醒上一段时间就不好喝。最佳方法是让葡萄酒在瓶中继续成长，直到酸涩退去香气饱满，这才适合饮用，有的葡萄酒得等上 10 年 8 年才行，对吧？"

我猛竖大拇指："非常专业，听一遍就记得这么清楚，看来一定是跟普洱茶有共鸣之处了。"

小诸葛点头："正是如此，相当有共鸣！其实，我常喝普洱生茶，但是新茶有点冲，比较生猛，我的肠胃不太好，有时喝了会不舒服，所以平时就不怎么喝新茶。说到这儿，我提示一下，你的肠胃也不太好，别喝太多新生茶。"

"话说回来，普洱茶也是每年不断成长，一般到 7 年之后，那种又冲又烈的感觉就不明显了，对肠胃的影响也没什么了。套用葡萄酒的术语，是不是可以说普洱茶也有适饮期，新茶得等上几年才好喝。坤土之木，说到这里我忍不住要小小打击你一下。普洱茶的适饮期好像要比葡萄酒长得多啊，放五六十年轻轻松松，放上 100 年也没什么问题，你的葡萄酒能放多少年啊？"

听到这儿，我承认已经受到了很大的触动，就一边思考一边慢慢说："老哥，你今天说的这些东西，刚刚这一点给我的冲击特别大，简直是颠覆性的。为什么呢，首先我自小接触的是绿茶，特别强调'明前'的概念，哪怕晚几天都觉得茶不好，放到秋天就觉得茶过气了，那时再喝就当给开水加点味道；工作之后流行喝铁观音，也是强调保鲜，而且为了保鲜得把茶叶放在冷藏室。"

"最近这几年开始喝岩茶，虽然有一个退火的概念，那也强调要两三年内喝，我听说岩茶几年不喝的话得再次焙火，不然就不好喝了。你刚刚的这个普洱茶适饮期概念太具有冲击性了！与我之前的经验完全对不上。"

普洱茶芽叶

这时候，一直没说话的小孟获拍了拍我的肩膀，安慰我说："坤土之木，不好意思，这一点多少我也知道一些，你们北方人喝普洱茶比我们广东人少很多，不了解也正常。"

主酒到这个时候正好喝完，该轮到餐后冰酒登场了。照旧，这冰酒又是被装在冰桶里推过来的，不过肚子里吃了不少热乎的东西，这下看见冰块就没有开始时候那么大反应了。侍酒师之前就给大家换好了冰酒杯，酒很快就倒上了。

既然上了新酒，我照例又把冰酒的情况介绍了个大概。餐后酒中的经典是贵腐甜白，恰好也是我比较偏爱的一个品种。贵腐甜白的故事比较多，大家听得有滋有味。有一个细节大家很有兴致，那就是由于酒体颜色金黄，法国最牛的贵腐甜白被人翻译为——滴金，而滴金的中文发音跟酒庄的法语发音还很接近，这个译名一向被视为经典之作。

一边听讲一边品评，理论与实践的学习过程让大家很是享受。不过，我的关注重点却已不在这里，脑子里不断地把葡萄酒和普洱茶进行比较，闪现更多的反而是风土、山头、名寨这些概念。

等大家喝完一轮，我冲小孟获点点头，又转头对小诸葛说："老哥，今天我大有收获，趁着时间还早，你看看葡萄酒和普洱茶还有哪些相似之处，让我再学习学习，我现在已经对普洱茶兴致盎然了！拜托！拜托！"

小诸葛摸了摸脑袋，又抬头眨了眨眼，琢磨了一会儿才说："刚刚说的都是我感触最强烈的，如果要往细节上说呢，相似的地方还真有不少。我想到哪说到哪！再说几点给你听。"

我赶紧鼓励："可以可以，你就天马行空地想，想到什么说什么，这样轻松，讲的东西更有感觉。老哥请继续！"

小诸葛又打开话匣子："先说个好理解的，品种的影响。跟葡萄品种一大把的情况差不多，普洱茶树也能分成很多种，最简单的方法是根据叶片大小分类，把茶树分成大叶种和中小叶种等几类，不同叶种的口感相差很大。说起来，普洱茶树有大小叶种的情况，跟中原地区都是小叶种的情况很不一样。我听说有人专门研究过，云南茶树是茶树的祖宗，中原地区的是隔了无数辈的儿孙，所以叶子都小，这个你有兴趣可以上网查查。对了，还有个不同点，葡萄藤都是人工栽培的吧，普洱茶树不光有人工栽培的，还有不少野生茶树，那种野茶的味道更特别。"

又抿了一口冰酒，小诸葛惋惜了一句："早知道今天带泡茶来好了，之前怕影响品葡萄酒的口感，还专门没带茶。"我也深感惋惜。

小诸葛话题转回："说到这里，我又想到一点，树龄的问题。坤土之木，刚刚你不是说葡萄藤要根据生长年份来决定如何使用吗？好像 5 年以下的藤一般不用；5 年以上葡萄藤的葡萄才会拿去酿酒，而且只能酿普通酒；只有生长年龄 30—50 年的葡萄藤上的葡萄才能去酿好酒，对吧？"

我轻轻鼓了几下掌，以示对小诸葛记忆力的佩服，然后抬手做了个请的姿势，示意老哥继续发言。

小诸葛接着说："普洱茶里面的树龄问题，总体上看跟葡萄藤龄问题一样，但也有点不同。这么说吧，普洱茶的质量总体上也跟树龄成正比，树龄越大，茶叶质量越高。所以普洱茶就被分为小树茶、大树茶和古树茶，树龄越大，产量越低，价格越贵。"

听到这里，我忍不住插了一句："老哥，等一下，你说的小树，是不是就是长江流域产茶区常见的那种小茶树啊。我记得那种茶叫灌木茶，不应该叫小树茶吧？"

这一下好像把小诸葛给问住了，他琢磨了一会儿才答道："这个我说不太清楚，好像看上去都是不太高，矮胖矮胖的，我也不知道普洱茶里面的小树是不是灌木。"

我赶紧摆摆手说："没事，这不重要，我就是随便一问。不好意思打断了，请继续！"

小诸葛清了清嗓子往下说："回到刚才的话题，我觉得在树龄和藤龄的问题上，普洱茶和葡萄酒基本一致。但接下来我要说不同的，葡萄藤其实活不了多少年吧，好像是说超过 50 年的葡萄藤就走下坡路了，百年老藤应该属于古董吧。在岁数这一点上，普洱茶树就牛了，能轻轻松松活个上千年，并且茶质依然优良，我记得有一棵古茶树好像活到现在已经超过 3000 年了。树龄的意义在哪里呢？老茶客们认为主要是让茶气更好。他们说如果真能喝到三五百年以上树龄的茶叶，茶的气感要比小树茶好得多，甚至是强烈得多！"

普洱茶树叶

"茶气？茶气？"我重复了两遍，然后疑惑地发问："茶气是什么，前面你说到老班章的时候，好像也提到了茶气这个词，当时没在意。你现在又提到茶气了，我就有点理解不了，应该不是指茶的香气吧，那应该叫茶香啊。没想通，能给解释解释吗？"

这个问题好像有点难度，小诸葛嘴角含笑睁大眼睛看了我几秒钟，然后干咳了一声才说："坤土之木，厉害啊，总是能找到我不太懂的地方发问，这个问题得让我想想。看到了吧，明白了吧，铁的事实证明，我只是个爱好者，不是专家！"

我赶紧鼓励他："道德经上讲：'有无相生，难易相成，长短相形'，判断标准是相对的，专家也是相对概念。相对于我，你就专业，绝对是专家，此时此刻，你用不着跟资深人士比，跟我比就可以了，对吧！我对茶气这个概念很来劲，来来来，帮着答疑解惑一下吧。"

看来这个问题的确有点刁钻，小拉菲和小孟获看样子也好奇，两人都不说话，静静看着小诸葛，等他给出回答。

过了差不多两三分钟，小诸葛皱着的眉头松开了，喝了一口水慢悠悠地开始讲："坤土之木，前一段就听说你喜欢上道家文化了，看来进步不小，张嘴就是道德经啊。等会儿得跟你聊聊这个，茶气好像还真跟道家文化有点关联。"

"噢？"我小声惊讶了一下，这下轮到我瞪大眼睛看了他几秒钟。

小诸葛笑了笑，接着说："茶气这个问题我真的说不太清楚。这么说吧，就是茶友们在喝茶的时候，有时候会出现一些无法理解的感受，最后大家就用茶气来解释。"

"我跟你说说实际感受，很多人喝普洱茶时身体会发热，有的人是后背热，有的人是前胸热，也有人是肚子热，还有人手心出汗，最厉害的是有人全身都热。比方说我吧，有时候喝到老茶就会后背和额头发热，腿有时候也热，这是喝其他茶碰不到的情况。这个情况大家都说不清楚，有人懂西医，从生理角度上分析了半天也解释不了。后来，有个台湾老茶人说，这是一种可以在经络中行走的气，因为从茶里来，所以就叫茶气。"

小诸葛这几句话说完，我深深地被打动了，尤其是刚刚那几个字——经络中行走的气。我对普洱茶的好奇被彻底激发。突然觉得，在这次所谓的品酒会上，很可能我才是最大的受益者。普洱茶的诸多特性深深触动了我，让我发现原来生活还可以这么有趣，值得探索和期待。

# 《黄帝内经》、"非典"与中医

事实上，虽然我一直在关注"新消费"，也一直在为各种新的生活话题兴奋，彼时彼刻，我必须承认，很久没有为一个生活项目感受到如此激动或者兴奋了。几乎可以断定，我会喜欢上普洱茶！

我深深吸了一口气，看着一脸笑容的小诸葛，再次站起身来，走到他面前拍了一下他的肩膀，拱了拱手说："今日不虚此行，我可能是今天最大的受益者，感谢老哥今天的不吝赐教。我决定自即日起，认真学习普洱茶，找找这些堪比葡萄酒的美妙体验！"

小诸葛也乐了："那太好了，看来有希望多一个茶友！到时候一起品茶论道，那感觉多好。对了，我还想问你几个葡萄酒之外的话题，原来还

觉得可能场合不合适，现在看好像也没问题。"

我兴致勃勃："什么话题，只要我能回答一二的，一定知无不言言无不尽！"

小诸葛听完胖脸一抖，微微一笑说："前面不是说了吗，听人说你现在对道家文化感兴趣，我就是想问问，是不是跟现在给你治病的中医老师有关系啊？"

这下算是挠到了我的痒处，我就接上话头："对，其实你们听说的我对道家文化感兴趣，说得准确一点是对中医文化感兴趣。我那位中医老师现在已经把我的亚健康状态调理的七七八八了，什么鼻炎啊、鬓角白发啊什么的都快没了，目前就是肠胃问题比较突出，还在调理中。"

小诸葛一听兴趣更高了，语速加快了几分："坤土之木，这个事情好，要不你给我们介绍你的养生心得？你现在不是开始学习了吗，学到什么程度了？有什么可以教给我们的秘法绝招？"

我不由得哈哈直笑："老哥，我现在还在吃药调理好不好，要说学习现在更是皮毛之皮毛的状态。我自己还什么都不会呢，拿什么教你。"

小诸葛不服气："谦虚了。来来来，简单说几句。"

我摇摇头说："不是不肯说，真的还不懂，不敢乱说。"

小孟获一向对现代科学比较感兴趣，对中医没什么感觉，此时来了一句："说个正经的，我倒是奇怪你怎么能喜欢上中医？你可是受过多年现代科学教育的人，怎么会对没有科学体系的中医感兴趣呢？听说过你当年对思辨哲学很痴迷，读书时曾跟几个哲学博士整夜整夜辩论。"

我微微一笑："还真得感谢那段经历，如果不是那段对科学史的学习，我还真不见得能像现在这么关注和喜欢中医。"

小孟获忍不住翻了翻白眼："你这个说法牛，居然是因为科学所以喜欢中医，那你说来听听，看能不能说服我。"

我的兴致也来了："说服你我不敢说，但我有把握让你改变一下对中医的观感。"

我反过来先向小孟获抛出一个问题："你能先说说什么是科学吗？"

小孟获："这个嘛，我想想。"他迟疑了一会儿才接上："这个事情我没有专门探讨过，我的理解是要讲得通道理，有事实有依据，不能弄些虚无缥缈的东西。"

我双手鼓掌："厉害！说得很好，还基本说对了。实话实说，要准确地说清楚什么叫科学并不容易，历史上为怎么界定科学也经历了一段复杂过程。我的理解是科学主要是一种方法论，要同时满足下面两个要点：一是有严密的逻辑体系，就是你刚刚说得要讲得通道理的意思；二是可检验且可重复，也就是你刚才说的要有事实有依据。"

小孟获这下来劲了："那你说中医符合这两条吗？就没有一套符合逻辑的理论体系，有时候中医能治好病，但经常一种病不同医生看治法会不同，哪有什么可重复的东西？"

我哈哈一笑："那我们稍微较一下真。逻辑体系是不是一直在发展？验证逻辑存在的事实是不是一直在扩展？比方说，300年前的人不知道有电磁波，他看到现在的手机是不是不可理解？对着一个小机器说话，远处的人就能听到，完全讲不通道理啊？所以，现在不符合逻辑的事情是不是未来一定不符合逻辑？也讲不清道理？"

"所以，逻辑体系存在后知后觉的可能性。我们经常是在技术层面取得突破后，才能发现一些深层的逻辑关系。这意味着，不能因为中医不符合当前的逻辑就彻底否定。"

小孟获貌似接受了这个可能性，就转换话题："那你说说中医怎么就可检验可重复了。"

我马上接上："正中下怀。我也是因为一个重要的现实检验才彻底扭转对中医印象的。就是著名的《黄帝内经》与'非典'！"

我先解释了几句："你刚才说的不同医生会用不同方子治同一种病的情况，比较复杂，几句话说不清楚。但是'非典'的验证价值特别好，我就跟你说说这个吧。"

"在《黄帝内经·遗篇本病论》中有这么一段话：'假令庚辰阳年太过……阳明犹尚治天……此乙庚失守，其后三年化成金疫也，速至壬午，徐至癸未，金疫至也。'"

说到这儿小诸葛插了一句："背得挺熟练，看来没少下功夫。"

我不好意思了："没有没有，就这几句熟，主要是内容太震撼，印象不得不深刻。"

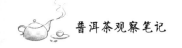

小孟获："听了跟没听差不多，什么速啊、徐啊的，完全听不懂，震撼在哪呢？"

我清了清嗓子："这几句话的意思是，如果庚辰年（干支纪年方式，是龙年之一）那一年出现某种特定的气候异常，就会在三年之后出现属金的瘟疫，但快的话也可能在壬午年（干支纪年方式，是马年之一）那一年提前发作，慢的话就会在癸未年（干支纪年方式，是羊年之一）那一年出现。请诸位大胆猜猜，最近的庚辰年是哪一年？"

我故意顿了顿："是 2000 年。那壬午年呢？是 2002 年。癸未年呢？是 2003 年。"

小诸葛轻声接了一句："'非典'。"

此时才发现，大家都在静静倾听，以至于小诸葛的那句音量不大的念叨才被我听到。

我点点头："对。根据中医的五行对应五脏的关系，属金的瘟疫就是与肺脏有关的瘟疫。今天广东本地人多，应该记得比较清楚吧，当时第一个病例就是 2002 年在广东出现的，2003 年才传开。"

稍微停顿之后我继续："'非典'的过程大家应该印象都很深刻，但是可能无法想象这个过程居然在几千年前的《黄帝内经》中有记载，中医理论的可检验性如何？"

"还有一点特别有价值，大家记得当时广东有不少病人是用中医治疗的吧，这其中就包括著名的钟南山院士的女儿。中医治愈的病人是彻底痊愈，没有后遗症。西医治愈的病人中，有人却留下了严重的后遗症，比方说股骨头坏死和肺纤维化。"

说到这儿，我扫了一眼大家，居然都颔首思索的样子，显然在努力接受这个冲击。我就有意没再多说话，给大家一段时间慢慢体会。顺手摸了一下酒杯，发现杯中的冰酒也不怎么凉了，正好借这个机会喝几口。

静静过了几分钟，大家算是缓过神了，一边点头一边表态："原来《黄帝内经》中有这样的记载，中医还真不应该简单否定！"

我补了一句："中医'黑'不会听我一席话就会变成中医'粉'，但如果能不盲目地'黑'中医就很好！"

小诸葛："这下让我对中医的兴趣和信心更大了。我抓紧时间再问一个事情啊，现在不少人有糖尿病，多数人还是找西医，但西医只能控制病情却无法根治，不知你那位中医老师能不能治？"

我边思索边回答："这个情况我不太确定，我去帮你问问。但以我跟老师交流的情况猜测，应该是可以的，至少值得去试试。印象中，他貌似对具体什么病不太在意，他在意的东西就三个：体内垃圾多不多、经络通不通、气血足不足。"

说到这里，我话锋一转，说话声调提高了几度："对了！刚才你解释茶气的最后一句太打动我了，比之前说的适饮期冲击力更大！我从来没想过，茶还能跟气和经络挂上钩。要不是这段时间身体调理的很见成效，我对中医养生的兴趣也不会这么高，就不会对你提到的茶气这么敏感！老哥，今天我们俩绝对是相得益彰！"

小诸葛也很高兴："那太好了，今天我也是大有收获，居然发现葡萄酒和普洱茶还有如此之多的共性！以后品酒又品茶！多说一句，你的中医老师那边，还是麻烦你去问问！"

我欣然点头："没问题，我正好也想去找老师多请教学习。我得再补充一句，今天我在普洱茶上的收获太大了，虽然还没有亲身体验，但这堂理念启蒙课的效果绝对一等一，我对学习普洱茶知识充满了期待！"

## 酒会尾声

小孟获看不下去了："行了行了，你们俩别再互相吹捧了，我们看不下去了！我来说几句客观的，首先，今天的葡萄酒学习效果很好，我们也学到了很多，感谢坤土之木的认真讲解；其次，我们还感受了一次东西方生活方式的深度交流，原来葡萄酒和普洱茶之间有这么多共同点；最后，我们在中医上领略了一下神奇，这一点对我的冲击特别大。总之，今天的酒会非常成功，我提议大家一起举杯！杯中酒！"

大家纷纷鼓掌表示同意，然后举起手中酒杯一饮而尽，酒会到此顺利结束！步出房间才发现，一直令我忐忑不安的拼酒环节，居然被遗忘了⋯⋯

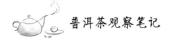

# 初生熟茶蒙人倒

寻找好茶的历程一波三折。终于找到一款还不错的,回甘虽好却有些霉味;又遇到一款,找到了传说中的气感却又有些堆味;自己贸然买了一堆茶,结果更无语,回甘顺滑没遇到,倒是经历了一通霉味、仓位和寡淡……皇天不负有心人,历经周折终于找到了一款真正的好茶,一款足以震撼资深茶客的好熟茶。

新生熟茶

开始普洱茶实践之前，一向崇尚"不打无准备之仗"的我，自然要先完成一些理论准备，比方说普洱茶的定义、起源、分类和特点什么的。书买了一堆，又在搜索工具的帮助下，搜索了海量的普洱茶知识文章。

喜滋滋地看了一通，然后就晕了：有些东西搞懂了，有的地方更糊涂。最让我糊涂的居然是基础中的基础——普洱茶到底是什么茶？或者说什么茶是普洱茶？

学过之后比不学更晕，因为众说纷纭，却又各自成理，甚至相互之间南辕北辙。特此摘录几个经典观点，以飨大家：

1. 普洱生茶属于青茶。理由：生茶工艺比较接近青茶，可以说是青茶的一种。但这个说法不能包括熟茶，那熟茶怎么归类？

2. 普洱熟茶属于黑茶。理由：熟茶制作工艺比较接近黑茶，可被视为黑茶的一种。同样的问题，这个说法也仅指熟茶，生茶还是要另行讨论。

3. 普洱茶是独立类型。理由：普洱茶与通行的六大茶类都不一样，无法用标准茶类进行界定。难道还真得单独设一个类型，叫青黑茶吗？

4. 普洱茶是云南特定地区出产的大叶种晒青茶。很多资料说云南这些地区还有中小叶种茶，那这些茶晒青了该叫什么呢？

晕了半天之后的第一反应——尽信书则不如无书！幸亏又想到了另一句名言："读万卷书不如行万里路。"这个问题看来需要在实践中探索，那就先把理论学习放放，抓紧找懂行的给我上实践课。

当然，理论准备的价值还是很大的，不论哪种资料在介绍生茶和熟茶特点方面，观点算是基本一致。我因此理解了小诸葛提示过的那句话：肠胃不好的喝熟茶好一点。所以在上述精神指导下，我决定先找熟茶"练嘴"。

把身边朋友搜索了几遍，爱喝茶的倒是找出来一堆，但没有谁自认略懂普洱茶，这就让我郁闷了，总不至于每次喝茶都去广州吧？在电商平台上搜索一通发现，居然老班章15元一片包邮，感觉相当不托底。后来又想，实在不行就去北京马连道茶城搞陌生拜访，看哪个茶店顺眼就杀进去喝。

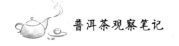

## 一款略有霉味的好熟茶

无巧不成书，正在为实践普洱茶犯难的时候，接到了一位老友的电话，问我何时有空去罗浮山看看他那个房车营地。这位老友正是带我喝葡萄酒的"骨灰级"酒客之一。他世居东莞，但多数时间住在罗浮山，所以我给他起了个雅号——罗浮山人。我们很快约好了去罗浮山考察的日程安排，准备挂电话的时候顺嘴问了一句："山人，你喝不喝普洱茶啊？"

罗浮山人显然被我这突然一问弄得愣了一下，隔了几秒才回答："喝很多啊，我喜欢普洱茶不下于喜欢葡萄酒。"

这句话顿时让我心花怒放，但转念又疑窦丛生："那这几年你为什么总是拉着我喝葡萄酒，不带我喝普洱茶？"

罗浮山人的回答居然是："我应该有跟你讲到过，但是你好像不太感兴趣。但跟你说葡萄酒的时候，你兴致很高啊。我就以为你不喜欢普洱茶，所以每次来的时候就只请你去品酒。"

我愣了愣神，心说这还真有可能。以前对普洱茶完全没想法，可能真是听到了也没反应，再说罗浮山人一向行事细致严谨，又讲究万事随缘，发现我"不感冒"就真可能不再贸然提起了。顿时心中大为惋惜，这几年居然让我给浪费了！想到这儿才发现我还没接腔呢，马上表达了一下想法："以前是对普洱茶不太了解，现在有兴趣了，想学着喝喝。那这次来让我尝尝你的好茶吧，你再顺便指导指导我？"

罗浮山人显然兴致不错："好啊好啊。那这次来就一起喝喝茶，不过我的茶多数存在东莞，我们从山上下来去东莞绕一下就可以了。"我正想插话强调先喝熟茶，还没张嘴，罗浮山人紧接着就来了一句："你的身体情况我知道，到时候我们喝喝熟茶。"

我一阵欣喜："一言为定！"

地点：东莞

人物：坤土之木、罗浮山人、莲子

罗浮山之行顺利完成，由于行程紧张，我们一行人当晚便赶到东莞。罗浮山人把我送到酒店就走了，说得回家挑一下明早要喝的茶。罗浮山人很熟悉我的作息习惯，出门前又回头说了一句："明天要早一点啊。"

我哭笑不得地点点头。上午九点喝茶，对我来说是个不大不小的挑战。须知我常年晚睡晚起，最近几年虽然在努力调整作息，但收效甚微。如果不是惦记着要在赶飞机前多喝一会儿茶，我绝对不会同意这么早就出门。

在经典的广东早茶时间，我和手里拎着个袋子的罗浮山人准点汇合。罗浮山人的助手莲子提早到了房间，我们进门时看到她正在准备茶具：紫砂壶、公道杯和茶杯。

罗浮山人把鼓鼓囊囊的袋子打开，从里面掏出了几个深色牛皮纸袋。当时我就纳闷了，怎么看上去都是长条状的纸袋，貌似并没有茶饼装在里面。

入席落座，罗浮山人说："我们11点钟要出发去机场，有两个小时的时间喝茶。我今天带了两款茶，来得及就都喝一下，来不及就喝一款。还有，今天要品品茶的味道，我们就不要一边吃东西一边喝茶了，那样对口感会有影响。来，我们先吃一点东西，等一下再专门时间喝茶。"

我一向喜欢广式早茶，一是茶点滋味不错，二是开始时间符合我的习惯。之前我喝早茶是以猛吃茶点为主，中间搭配一点岩茶或者红茶润喉。今天则不同，心有所属，总是不断地打量那几个牛皮纸袋，琢磨里面装的到底是什么。几轮茶点下肚，我便有些按捺不住地问罗浮山人："山人，纸袋里面怎么不是茶饼呢？"

罗浮山人先是一愣，然后微微一笑："你是不是听到见到的普洱茶，都是茶饼的样子，所以觉得普洱茶就都应该是茶饼啊？"

我很认真地点点头，然后反问："难道还有别的样式？我好像没看到过。我看过的文章里也都是说一饼或者一片的，对了应该还有沱，沱茶！"

这下轮到罗浮山人点头："呵呵，这么说也有一些道理，的确饼茶是

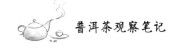

现在大家最常看到的样子，其他样子的普洱茶少一些。不过呢，我提示你一下，你看看红茶、绿茶和岩茶都是什么样子多？"

这些茶我见得多，不假思索地说："没有规定形状，都是散着的。岩茶包装的比较精致，都是一小包一小包的样子，其他茶是一袋一袋的。"说到这儿，我眼珠一转突然反应过来了："难道你这几个牛皮纸袋中的普洱茶也是散开的样子？"

"是的。"罗浮山人微笑点头。

罗浮山人接着解释："以前云南的道路条件很差，散茶的体积大不好往外面运。所以呢，为了运输方便就把茶压得紧紧的，就叫紧压茶，这样运起来就方便许多。紧压茶有好几种，比方说有饼茶、沱茶还有茶砖。"

"之所以分成这几种形状，跟叶子的老嫩程度有关系，说到底是跟成型的难度有关系。比较嫩的叶片不需要太大压力就能成型，所以压成有曲面的沱茶；比较粗老的叶子难于成型，需要比较大的外力，所以就压成最紧密的砖茶；中间级别的茶就压成各方面都比较均匀的饼茶；所以从叶子老嫩的角度说，就叫做'一沱二饼三砖'，就是这么一个道理。"

"但是，紧压茶虽然体积变小了好运输，但又会引出另一个问题。就是叶片之间空隙太小，空气流通很慢，这样会降低茶叶转化的速度。所以，如果你想早一些喝到转化好的茶，散茶会是一个比较好的选择。尤其现在云南的交通条件已经好很多，运输散茶也没有那么大成本了。"

听到这里，我会心一笑："山人，你早年以物流为主业，这个问题还真跟你的专业领域有关，难怪解释起来这么专业。"

罗浮山人摇摇头："倒也不是，还是体验的问题。散茶的转化速度就是会快一些，口感会比同期的饼茶好。不过也有个缺点要了解，散茶转化快但茶味也会散得快，要是想喝长期转化的茶，还是要紧压茶才可以。"

此时我已吃到八分饱，便提议："怎么样，尝尝你的好茶吧？"

罗浮山人欣然同意，示意莲子开始。

点火煮水、取茶称量、温壶温杯、投茶入壶、洗茶出汤……莲子的手法非常娴熟，显然经验十分丰富。

上面的程序花了将近 10 分钟时间，第一泡茶终于到了面前。

满心期待地举起茶杯，准备享受一下闻香。当茶杯距离鼻尖还有几公分时，一种意料之外的淡淡霉味冲了上来，我当即微微皱了下眉头，心里琢磨这是什么情况？侧头瞟了一眼罗浮山人，发现他居然甘之如饴地已经把茶喝了下去。

我疑惑地把茶杯送到嘴边尝了一口。没错！是有一点点发霉的味道。看着罗浮山人那安之若素的模样，我强忍心中困惑，把茶汤吞了下去，也没多说话。

随后，第二泡第三泡茶汤陆续上来，虽然那种淡淡霉味有消散的架势，但又出现点陈味，好在茶汤的感觉很饱满，完全不像以前胡乱喝时遇到的那种寡淡普洱茶。

想来想去，还是要搞清楚到底是怎么回事，就弱弱地问了一句："山人，请恕我冒昧，我怎么觉得茶汤有点霉味或是陈味呢？跟我听说的好茶有点不一样。"

罗浮山人拍了一下脑袋："对不起，这一点忘了跟你解释了。广东这边的天气比较湿，虽然我在茶室里装了空调。但是在'回南天'①的时候，湿度还是太大，有时候会超过90%，即便有空调也只能改善一下而已，这样茶叶就免不了会受一点潮。所以这个茶的前面几泡，就免不了有一点点霉味，再过几泡茶汤就好了。你放心，我的茶没有进过那些高温高湿的湿仓，还是不错的。"

我一下被'湿仓'这个名词吸引了，紧接着问："湿仓？高温高湿，那不是对茶叶不好吗，怎么还会有这样的仓库？山人，这你得给我解释解释。"

罗浮山人喝了一口茶，慢悠悠地说："这个问题有点复杂。我们一边喝一边讲，对了，这一泡好很多了。"

我也跟着抿了一口，之后点点头表示赞同。的确，霉味什么的淡了很多，如果不认真体察还真不一定能发现。

罗浮山人的兴致显然不错，神情轻松地聊开了："广东人喝普洱茶是跟香港人学的，大概是20世纪90年代的时候吧。香港那边人比较喜欢喝

---

① 回南天（简称回南）。是对我国华南地区一种天气现象的称呼。每年3月至4月，从南海吹来的暖湿气流与北方南下的冷空气相遇，使华南地区的天气阴晴不定，非常潮湿，回南天现象由此产生。

23

老茶，香港的温湿度情况你也清楚，跟这里差不太多。老茶如果在地下室或者仓库里随便放上几十年，肯定会有受潮的情况，就难免有霉味在里面，所以人们就把有这种味道的茶叫'港仓茶'。"

"广东人跟着香港人喝茶，也是要喝老茶。但是真正的老茶数量肯定不多嘛，加上价格又比较贵，后来就有人搞出来一种仓储方法来催化新茶。具体就是人工提高仓库里的温度和湿度，这样就能明显提高茶叶的转化速度，用不了几年味道就会比较接近'港仓茶'。这种人工加温加湿的茶仓就叫做湿仓。"

我这下明白了，但转过来又问："原来还有这么一段典故。但是广东天气这么潮湿，至少每年会有几个月跟湿仓的效果差不多吧？你看，就像我们正在喝的这款，前面还是有一点霉味的。如果不用所谓的湿仓就一定不行吗？

罗浮山人笑了："在广东自然存放的茶还是比那种湿仓要好很多的，不会一直那么湿。如果不用湿仓也可以啊，那就用干仓。但是会有刚才提到的问题，转化虽然很好但是比较慢，要十几二十年以上才有那种老茶的感觉啊。"

此时的茶汤已经有七八泡了，开始的那种霉味已经烟消云散，醇厚的感觉变得更加清晰，我特别喜欢的回甘也逐渐强烈起来。

"还真是好茶！"我心中暗赞了一句。

观看此时的茶汤，汤色栗红，很有葡萄美酒的感觉。拿过公道杯举起对着灯光一看，茶汤透亮，那种美感果然跟葡萄酒十分相似。大家都不怎么说话了，静静地闻香、品茗和感受，那种静谧的感觉让人轻松愉悦。

突然想到《神农食经》中的一句话："茶茗久服，令人有力悦志。"这句话有道理，古人诚不我欺！

又过去了五六泡。我想到了一个新问题，便继续追问："那有没有办法让茶转化又快又不发霉？"

这个问题让罗浮山人眼睛一亮："当然有，那就加工成熟茶。就是我们现在喝的这种。"

我忍不住拍了一下脑门，兴奋地说："对对对！熟茶就是为解决这个问题才搞出来的，这个我之前看到过介绍，怎么没想到呢！哎呀，真是那

**熟茶茶汤**

句话，光看书不行，一定要在实践中体验，印象才能深刻。刚才这么一聊，我觉得熟茶实在太有必要了！"

又喝了一口茶，回甘已经非常清晰。但我又联想了最开始的茶汤味道，补充了一句："看来存储的问题很重要，你看这款熟茶本来是为了消除霉味的，但在广东这种天气存放还是会有些受潮。"

罗浮山人点点头："是有这个情况，普洱茶要在通风环境中存放，虽然我在房间里加装了空调，回南天的时候还是不能完全消除潮湿的问题。不过，这个茶要比那种湿仓茶好很多。"

我想象了一下那种长期闷热环境中存储的茶叶，虽然没喝过，但也觉得应该比不上这个茶的味道，就点了点头。

我接着回忆了一下之前脑子里的理论知识，突然觉得所有的东西一下子贯通了，居然开始滔滔不绝："熟茶的来源我这下算是搞懂了。当时人们感慨老生茶要等几十年，实在等得太久，还发明了一句话叫做'爷爷存茶孙子喝'来表达郁闷。后来，为了能够让茶快速达到老茶的感觉，采用了近似黑茶工艺的渥堆技术，把普洱生茶加工成了普洱熟茶。如果没记错的话，当时对标的口感就是香港人喜欢喝的老生茶！"

罗浮山人抚掌微笑："对！讲得很对。"

我接着说："这就是为什么普洱熟茶更适合我的原因了，熟茶把生茶的烈性与寒性去掉了，变得柔和温润，可以健脾养胃。熟茶还真特别适合我这种脾胃不佳的人喝。"

"对了，都说普洱熟茶化积消食，现在我也体验到了。我貌似又有点饿了，哈哈哈。"

罗浮山人低头看了看表说："时间有点紧张了，还有半个小时就要出发了，看来今天喝不了第二款茶了。这样吧，这个茶我们再喝几泡，然后再点一些茶点补充一下。"

我点点头："虽然有点可惜，但是这一款茶的感觉很好，虽然前面的味道跟我预想的不太一样，但后面比较符合我的预期。尤其通过交流，我又补上了不少关键性知识，今天的学习效果非常棒！"

罗浮山人起身拿过一个牛皮纸袋，慢慢说道："今天我每款茶都带了两袋，一袋打开喝，如果你喜欢，就拿另一袋回去喝。这一袋是刚刚我们喝的那一款，你带回去接着品尝。另外，北方比较干燥，你适当留一些茶存上几年，看看能不能把受潮的感觉退掉。"

正觉得没喝过瘾，我也不推辞："那我就不客气了，我带回去好好尝尝，有什么心得再跟山人交流！对了，这个茶有多少年了？"

罗浮山人沉吟了一会儿说："具体想不起来了，但是到我手里的时间至少有七八年了。"

我听完连连道谢："那时间是不短了，太感谢了！"

再用过一轮茶点，我上车赶往机场。普洱茶首次品茶体验感觉良好！

## 一款好茶但略有堆味

有了东莞品茶的经历，我对普洱茶的兴趣更高了，尤其是想体验一下没有霉味的熟茶。通过不同渠道买了几饼熟茶，仔细体验之后仍不满意，有的虽然没有霉味但茶汤有些寡淡，有的不仅有霉味而且不耐泡，没找到那种醇厚回甘的感觉。

不知不觉快两年了，除了罗浮山人的茶让我有惊喜，居然就没再碰到类似的茶，更别说遇到更好的茶。说实话，寻茶的这一番艰难经历让我有些气馁，几乎不想再继续了。由此得出感慨：找到一款好熟茶怎么这么难！

不过我并未放弃，继续在朋友圈里广撒网。撒来撒去，又撒到一个曾经在东莞工作 10 年的朋友——观止。之前跟观止兄的交流更多是关于投资的话题，所以没觉察到他也是茶道中人。这次我广泛撒网，重点针对广东地域的朋友，结果就把观止给发掘出来了。

观止得知我要学喝普洱茶，那是相当高兴。我跟他说了上次喝茶的体会，对前几泡茶的霉味表达了一下遗憾。观止哈哈大笑，跟我说下次召开投资策略会的时候，会带几饼好茶来，看看能不能弥补一下我的遗憾。

几个月后，我们新一次的投资策略会准备召开，这次的地点是黄山。出发前几天，我还专门提醒观止别忘了带茶。

地点：黄山

人物：坤土之木、观止、阳光及观众若干

为了能更自在地品茶，我们几人提前一天赶到了黄山。当然，提前到达的另一原因是观止居然联系了当地的一个茶厂，他想去看看绿茶的制作。

到达酒店后，我和观止在附近转了一圈，最后选定旁边一个茶馆作为晚上品茶之所。用过晚餐，我和观止准备去喝茶，顺带就邀请同桌几位一起去。

阳光看看我："我不喝茶，也不懂茶啊。"

我知道阳光这次提前赶到的目的不是喝茶，而是想趁着人少跟我交流一下人口结构的话题，就对他说："不懂茶没关系，可以跟着学。再说了，我们喝茶还得聊聊天，不行你就在旁边点个饮料，跟着一起聊聊如何？"

阳光想了想点头同意了。

到了茶馆坐定，观止开始琢磨怎么解决泡茶的器具问题。特别说明一下，黄山虽然也是产茶胜地，名茶众多，但以绿茶为主，比方说黄山毛

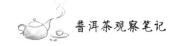

峰、太平猴魁和顶谷大方,等等。这些茶以清香为主要特色,不太适合用紫砂壶来泡,所以茶具多半是白瓷杯和玻璃杯。观止与服务员交流了一下,最后选定用飘逸壶来泡茶,就让服务员去取一个。

阳光在那头看茶单,足足看了三个来回,最后点了一壶红茶。观止很好奇:"阳光兄,我们一会儿有好普洱喝。你确定不尝一尝?"

阳光很自信的样子:"我基本不喝茶,对茶没什么感觉,晚上偶尔喝点茶还睡不着觉。红茶应该会好一点,正好祁门红茶是这里产的,就点个红茶喝喝吧。"

我在旁边打圆场:"观止兄,阳光兄的确不喝茶。我认识他都这么久了,还真没见他喝过茶。不过,反正今天到这儿了,可以酌情让他尝几口。"

阳光不置可否地微微一笑。

我转而问观止:"今天什么茶,让我看看。"

观止回头把袋子拿到桌上,从里面掏出来一个小小的茶饼。一看到那个茶饼的模样,我就乐了:"这个茶饼很袖珍啊,比我以前见过的那些茶饼小不少,不过这个大小看上去还挺别致。"

观止点点头:"对的,这个茶饼是200克的,那些大一些的茶饼是357克,小了差不多40%。"

我接着问:"这个茶什么特点。"

观止:"熟茶。宫廷普洱,去年出产。"说到这儿又加重了语气:"保证没有霉味!"

我满意地点点头,转而弱弱地问了一个问题:"宫廷普洱,什么意思?"

观止有点意外地嗯了一声,停了一下问我:"你不是吹嘘普洱茶理论知识已经近乎天下无敌?难道没了解过普洱茶的分级体系?"

"分级体系?这方面的东西应该看到过,应该在《地理标志产品普洱茶标准》里面有说到分级,但没怎么记住具体的级别,所以对这个宫廷的印象不深。"我一边回忆一边回答:"不过也没关系,正好你这个专家在,你给我讲解讲解。"

观止脸上突然闪过一丝神秘莫测的笑意,看着我嘿嘿一笑:"那我明白了。反正飘逸杯还没拿过来，我先给你简单解释一下普洱茶的分级。"

"我们单说熟茶啊。普洱茶分级的基础是叶子的老嫩程度，简单说就是看芽头的多少，芽头越多茶叶越嫩，级别就越高。熟茶主要的分级是一级、三级、五级、七级和九级，还有特别好的被分成特级和宫廷，宫廷级别最高！"

"啊！听你这么一说我想起来了，那个普洱茶标准里是这么分的，那今天这个茶叶不错啊。"我赞了一句，但转念一想产生了一丝疑惑："好像还是哪里不对，我记得那个标准里是有特级这个说法，但怎么对宫廷这个级别没什么印象呢？"

观止这下的笑容更盛："哈哈，还真蒙不了你。我就是等你这一句，想看看你能不能发现一点什么不同。"

我一下好奇了："什么情况，什么地方不对？"

服务员这时把飘逸杯送过来了，观止没有马上回答我的问题，示意我稍等，然后开始取茶。茶饼打开后，观止闻了一下后递给我。我拿过来闻了一下，的确没有霉味，这下让我对这款茶充满了期待。又认真闻了一会儿，还闻到了一股温和的香气，虽然没有绿茶、岩茶那么明显，但也还不错。

现在的我，已经知道普洱茶不以气香见长这个特点，普洱茶的香藏在水里，所以叫做汤香。又暗暗回忆了一下网购的那几饼茶，的确没有这个香气明显，我更满意了。我拿着茶一直闻，终于发现了一点异状，貌似茶饼种有点别的什么异味，但很不明显，就想等喝上再看情况。

我又把茶递给了阳光示意他也闻闻，但阳光显然意不在此，应付地闻了闻就把茶饼还给了观止。

观止一边起茶一边接着上面的话题："其实你记得很准确，国家标准里的确没有宫廷这个级别。宫廷普洱这个级别，是茶商为了强化最嫩茶叶的概念，自己创造出来的，在国家标准里没有。不过，不管是怎么个来源，你把它理解成最嫩的茶叶都是没错的。"

我却嘀咕了一句："这么说宫廷这个级别是不统一不清晰的，各家的做法可能不尽一致。嗯，看来普洱茶事实上的标准体系不止一个，还没有做到像法国葡萄酒那么规范统一。买茶的人如果没有一定程度的了解，可

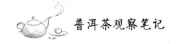

能真会有点晕。"

显然阳光对这个话题比较来劲："这是个很重要的问题，标准定不清楚不统一的话，很不利于普洱茶的推广。虽然各家都有各家的道理，但是消费者是搞不清楚的，各说各话会让消费者无所适从，最终反而影响普洱茶产业的整体发展。"

这个观点十分精辟，得到了我和观止的一致鼓掌称赞。

不过，阳光随后抛出另一个频道的问题："观止，你这个雅号是从徐霞客游黄山这个典故来的吗？"阳光指着桌上的卡片说"你看，这张纸上写着徐霞客的一句话：'登黄山天下无山，观止矣！'跟这句话有关吗？"

我和观止互相看了一眼点点头，观止说到："阳光兄，眼光果然老辣。是这个原因，去年我和坤土之木也来了一次黄山，赞同了一下徐霞客的评论，坤土之木就开始叫我观止了。"

这时候，观止已经把茶起好，进入泡茶模式：温杯、投茶、洗茶、出汤等动作一气呵成，颇具美感。

第一道茶汤入杯，我赶紧闻了闻，真是一点霉味都没有，而且马上就能闻到一些木香，心情大好。不过，我的确又在气味中发现了一点不妥，那就是有一点点冲鼻的气息，当然远比我那几饼茶好得多。我曾经不知从哪里搜罗到一饼熟茶，打开后的气味之强，差不多达到呛人的程度，我几乎就因此放弃找茶了。茶汤咽下后，我马上把这个小小的气味疑问提给观止。

"这很正常！"观止喝了一口之后回答我。

看着我不得其解的样子，观止继续解释："这是渥堆的堆味。比较新的熟茶就会有这种味道，要放一段时间才会退掉，完全退掉可能要两三年的样子。这个茶现在才一年，这个堆味就免不了还在。没关系，几泡过后就没了。"

阳光刚举起茶杯到嘴边，听到这段话闻了闻又放下了："刚才听说这是宫廷级别的，我还想尝一下，一闻还真是有点不喜欢，那再等一会儿吧。"

继续泡茶。果不其然，第三泡的时候那种堆味儿就消失了，汤色也开始明亮起来。茶汤喝到嘴里是一种明显的温和感，也比较醇厚，但仔细回味后发现醇厚度似乎要弱于罗浮山人的那道茶。

我想了一下，问观止："观止兄，这个茶汤口感不错，但是醇厚感比我上次的稍微弱一点，是不是跟宫廷级别芽头太嫩有关系？"

观止点头称是，又补充了一句："醇厚感肯定是低级别的更好，但是宫廷茶的香气比较好，口感更加细腻。说起来，宫廷普洱的主要缺点是不耐泡。"

到了第五泡，这算到了我喜欢的阶段：荷香透出、回甘明显、入口顺滑。这时候，我强烈建议阳光品尝一下。阳光这才拿起茶杯喝了一口，然后蹦出一句："没喝出什么香味，感觉没有我手里这杯红茶香。"

我当即晕倒："阳光大哥，祁门红茶那是三大高香红茶之一啊，普洱在这方面怎么比得过？"

阳光对茶是真没感觉："那算了，就不比较了，你们继续喝，我还是喝这个，省得晚上睡不着。"

观止这时候说话了："阳光老哥，其实普洱熟茶不太影响睡眠，跟红茶的效果差不多。"

"算了算了，不勉强他了。"我打断观止，继续说："我现在出来了一个不错的感觉，后背有点发热了，这是不是茶气的效果？"

观止："是的，我现在也有一点温热感。"

"看你们说得玄乎的，"阳光居然又插了一句话进来，"喝茶当然身体会热。"

我和观止又互相看了一眼，笑笑没说话。

说话间茶已泡到近十泡，感觉茶汤厚度开始下降，我就提示说："观止，这款茶的特点很鲜明，回甘、香气和滑度都不错，但是醇厚感现在好像有点下降，看来是到顶峰了。"

观止抿了一口表示同意："你的水平提高很快嘛。的确茶汤开始淡了，那这一泡茶就喝到这里。"

随后观止把拎过来的袋子推到我这边说："这里面还有6片茶，加上刚才的那一片，一共是7片，都送给你！"转头对阳光说："等阳光兄喜欢喝茶的时候，我再送你几片喝。"

我满脸笑容地接过袋子："跟你我可就不客气了！多谢多谢！"

观止："兄弟来的，无需客气！对了，我们再从头来一泡喝，这下要跟阳光兄多聊聊。"

阳光这下来劲了："来，坤土之木，我们再聊一下你说的那个人口结构问题，出生人口从 1991 年开始出现下滑，那过几年对消费的影响可就大了……"

黄山品学普洱茶环节到此告一段落。

## 好茶终于出现了

不少朋友得知我要学喝普洱茶的消息，就不断支招帮忙，各种打听搜索。皇天不负有心人，终于让我找到了一个以金融圈人士为主的茶友会。让我怦然心动的是，这个茶友会不仅以普洱茶为主，而且还特别推崇熟茶。这个茶友会的日常品茶地点是北京马连道的一间茶舍，在好友泉普的帮助下，我和茶舍的茶小二联系上了。

很快就找到一个机会，我要去金融街办几件事，正好中间有一段时间空档，想着那边离马连道不远，就和茶小二约了个时间去拜访。

茶舍在一个仿古建筑的二楼，店主茶小二是位热情好客的山东小伙，见面聊了几句便熟络起来。我大致说了说为什么想学普洱，以及之前喝茶的一些感受，茶小二一直坐在茶台后面笑而不语。等我说得差不多了，茶小二就说尝尝他这里的茶，看看喜欢不喜欢。

说着便打开了身后的一个紫砂罐，从中舀出一些茶称了 8 克，然后把称好的茶放在一个小竹盘上递给我。我接过来闻了一下，也是有点堆味儿，并且比我上次喝的宫廷普洱还要明显。我一下就有点忐忑了，不知这茶到底品质如何。

我拿着小竹盘上下看了一看，倒觉得这个小东西很精致，突然想起这个小竹盘有个专门称谓，就问茶小二："这个小竹盘是不是叫茶荷？"

茶小二赞叹："很专业啊，是叫茶荷。不过现在很多人都不知道这个叫法，往往就直接叫成茶托什么的。"

我老老实实承认："书上看来的，我自己还没用过这个东西，之前喝茶的地方也没见过。"

第一泡茶出汤了，我举杯一闻，果然有些堆味在杯里。再一尝茶汤，入口的感觉不是很柔和，但也不算太紧，而且感觉很浑厚很有内容。至于香气，就没什么太大感觉。

第二泡，堆味散去不少，但还没有感受到其他变化。

第三泡，堆味很微弱了，貌似出现了淡淡花香，不过说不出是什么花香。

第四泡，堆味已经难以察觉，而花香变得更清晰，茶汤则开始顺滑，浑厚变成醇厚。

第五泡，堆味完全消失，生津、顺滑、回甘都出现了，有意思的是胃部与额头都开始出现温热感。

五泡的时间过去，我和茶小二居然都没说话，就是静静地泡茶、出汤、闻香、品尝。额头温热感很明显，我摸了一把说："我的脑门热了，还有点微微出汗，这跟我以前喝茶的感受不一样，以前是后背发热。"

茶小二微笑点头："再接着喝，看看还有什么身体反应。"

"还有？"我一下抓住了这个关键词，"不就是身体会发热吗？但不同的人可能发热的部位不一样。"

茶小二摇摇头："那可不一定，还会有其他反应，你等会儿再感受感受。对了，给你看看我的手掌。"我盯着茶小二的手掌心看了看，居然有点水渍，看来手心流汗了，这个情况倒是第一次见。

又过了两泡，我觉得整个后背都热了，比之前喝茶后背发热的范围大得多，而且热得更明显。突然，我打了一个嗝。

茶小二听到了："嗯，打嗝了。"

我诧异了："这反应也算?!"

茶小二重重点头："当然算!"

这时我肚子又咕嘟了几声，感觉有不良反应的趋势，犹豫着一下问："想放屁算吗?"

茶小二乐了："也算! 有这种反应的人还不少哩。"

十泡以后，茶汤达到了一个相当美妙的状态，入口顺滑，回甘深长，

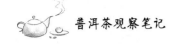

散发淡淡荷香，醇厚感不仅没减弱反而有加强的趋势，最特别的是温热感开始从腰部向腿部散发。

这种体感太有意思了，之前遇到的茶没有一款能达到这个效果，这款茶的茶气真强。我不知道是不是多数人都能有这种感受，就问茶小二："这茶的体感真好，我差不多全身都热了，是不是每个人都能感受到这种情况？"

茶小二犹豫了一下："那不一定，多数人喝这个茶能感觉发热，不过部位还不太一样，说全身都热的只有一小部分人。对了，还有些人刚开始喝没什么明显感觉，得喝上一段时间才能出体感。"

我若有所思地点点头，看来茶气和体感的情况还挺复杂。

仔细回味这几次喝茶的回甘和醇厚感，我感觉这道茶要胜过东莞那款，就问茶小二："这茶多少年了？有七八年吗？不过，怎么还有点堆味儿呢。"

茶小二这下却不回答了："你猜猜看？猜对了有奖励。"

我摇摇头："这个真猜不了，但是感觉上怎么也得有几年时间。"茶小二还是不肯回答。

我突然想到一个绝招："那我能请外援吗？"

茶小二："没问题啊。你下次带朋友来一起猜，或者你带几泡茶回去跟朋友喝了猜也行。"

说话间这道茶已经泡到十五泡以上，茶汤状态虽略有下滑但仍然很好，熟茶五要素——香、甜、醇、厚、滑居然在一道茶里体现出来。而茶气带来的身体反应更令我意外：微汗、温热、打嗝、排气……这绝对是我学茶以来感受最特别的一次。

当茶泡到近二十泡的时候，茶汤状态出现明显下降，但是回甘依然绵长。茶小二补充了一句："这个时候就可以煮了，煮茶的效果能再上一个台阶。"

我摇了摇头："时间来不及了，我下次专程再来喝茶！"

茶小二见挽留不成，就起身用牛皮纸袋装了几泡茶，让我带着去找外援品尝。

接下来的一段日子，我把能找到的普洱茶高手找了个遍，挨个喝过之后，全都认为是陈放 5 年以上的茶品，但也有人对堆味表达了一点疑惑。

最后，我综合各位外援的观点，打电话给茶小二："我找了好几个外援，大家都对你的茶赞不绝口，尤其一位练太极的哥们，说你这个茶的茶气特别好。外援公认你的茶应该存放了 5 年到 8 年。这个答案对不对？"

茶小二在电话里哈哈大笑："这是今年的新茶，9 月份起的堆，到现在还不到 3 个月！怎么样，像存了不少年的茶吧！"

我顿时震惊了："怎么可能？噢，难怪还有点堆味儿，如果没有堆味儿绝对会说是 8 年以上的陈茶。你的茶怎么这么与众不同！"

茶小二："你还没喝煮的呢，煮的效果更好！下次有机会再来喝，到时候我再跟你说说这款茶是怎么回事。"

我连连点头："好的好的。听你这么一说，这茶太有吸引力了，下次我一定留出专门时间好好学习！"

实在不理解，一个当年的新茶怎么能蒙倒这么多人！

# 炭火助茶香满楼

按捺不住心中的好奇，盘根问底找寻好熟茶的缘由，得知原来有种茶叫做古树熟茶！花了两个下午品尝这款茶的新茶和老茶，原来普洱茶真的越陈越香。橄榄炭、白泥炉和紫砂壶，在一场泥炉烹茶的极致享受中，终于理解了一句话：普洱茶是一种要用身体去品的茶！

陶壶煮水

地点：北京马连道

人物：坤土之木、茶小二、小米粥。

被那款新熟茶震惊之后，还没来得及探究，却赶上一段超级繁忙的日子，连续出差奔波，愣是没抽出时间去深度体验。差不多过了一个月，才有空闲时间，我专门留出一个下午的整块时间，直奔茶舍而去。

北京道路拥堵是常态，这次更是感觉车在路上跑得格外慢。焦虑之时哑然失笑——这种焦灼心理分明是小时候才会有的状态。堵堵堵，耗时一个半钟头才赶到茶舍，我不禁为路上这段时间的消耗惋惜不已。

# 台地茶与古树茶

和茶小二打了个招呼，发现茶台旁还坐着一位女士，点头示意后坐了下来。茶小二随即做了简单介绍："这位是小米粥，是我学茶的老师，马连道茶界的资深人士。"

听到"资深人士"四个字，我顿时心生景仰，马上对小米粥双手抱拳："幸会幸会！老师好！请多多指教。"

初次见面，小米粥有些不好意思的样子："哪里敢当，一起学习。"

今天的时间相对宽裕，我仔细打量了一下茶舍的布局。茶舍面积不大，30多平方米的样子，进门右边是占据整面墙的多宝架，林林总总陈列了二三十种各式茶饼。稍微扫了一眼多宝架，见茶饼上标着"无量山""贺开""景迈"等字样，印象中这些是茶山的名字。突然在架子上发现了一饼赫赫有名的"老班章"，忍不住取下来赏玩了一会儿，鼻子一闻果然气息浓郁，清香之中透着一股力量，跟熟茶的味道大不相同。

进门左边墙的上半部是一幅巨型画作，气势恢宏，显然出自名家之手。画作的下方是一个双层长架，上面摆放着一排形态各异的紫砂壶，还有紫砂罐和白瓷盖碗若干。

挨着左边墙的是醒目的大茶台，差不多两平方米的台面，仔细看可以

发现茶台面是由密集排列的水槽构成，别无他物，简约大气。茶台旁是一张小几，放着一套随手泡电水壶和一套精致的电陶炉。

在四处打量的时候，突然发现角落里有一堆迷你小沱茶，形状很精巧。我走过去抓了一把闻了闻，一股清雅香气扑面而来，中间略有一点微弱的堆味儿。我就问茶小二："这是什么茶？"

茶小二略显骄傲地说："那是纪念款哦！"

看着我迷惑不解的样子，小米粥解释了一下："我们这个熟茶的工艺实验了好多年，你手里的小沱茶是工艺成功那一年的茶，比较有纪念意义。"

我称赞了一下："那是有纪念意义！"

茶小二这下又有点不好意思了："其实就是去年，2012 年。"

我点点头："那也值得纪念，现在看可能还没什么，十年二十年后意义就大了。"我当即萌发了一个念头："喝喝这个茶怎么样？我还没喝过沱茶呢，好像说这种茶的级别很高，对吧？"

小米粥："对的，这个小沱茶是用特级茶压的，级别是比较高。"

茶小二有些犹豫："但是这个料一般，不如今年这个茶的料好，还喝吗？"

小米粥反倒表示赞同："可以先喝这个小沱，这个茶嫩一些，茶气没那么强。然后再喝今年的，料更好一些，这样喝是上台阶，比较顺。正好可以把两个茶比较一下。"

我觉得这么安排很有道理："对！这样好，今天我时间宽裕一点，正好可以多喝一道茶。在比较中体验的效果特别好，我学葡萄酒的时候就有这个经历。"

茶小二："行，那就先喝去年的小沱，再喝今年这个散茶。"

在茶小二进行泡茶前准备的时候，我把憋了很久的问题提出来了："茶小二，我非常想搞清楚，为什么你的这个新茶味道这么特殊？让那么多人都觉得是放了好几年的茶呢？"

茶小二笑了："就知道你要问这个问题，这么迫不及待啦？"

我老实承认："是迫不及待，特别想搞清楚是怎么回事。"

"原因很简单！"茶小二回答很快，"料不一样。"

我重复了一句："料不一样？做茶的原料？"

小米粥："对。料是主要原因，但不光是料，还有水和工艺的影响。"

我老老实实地说："这些我都没什么概念，好像看过的书和文章里面也没有专门提到这些。"

**古树茶杀青**

茶小二很有些得意的样子："我这里的熟茶，都是用古树纯料做的，跟外面流行的普通熟茶不一样，当然不会有什么资料去介绍。"

说话间小沱茶的第一泡出汤了，确实香气不错，渥堆味只能说是若有若无。我一下想到上次在黄山喝的那款宫廷普洱，就说："我上次喝了个也是 2012 年的茶，但渥堆味好像比你这个稍微重一点，不过已经过了几个月了，不知道是不是时间的原因。"

茶小二："没喝过不知道，不过熟茶放得时间越长渥堆味儿就越小，一般 2 年到 3 年能退完。"

小沱茶在第三泡的时候就闻不到什么渥堆味了，香气明显提升。我回

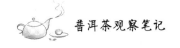

忆比较了一下那款新熟茶的香气，觉得小沱茶的香气的确要好一些。

我一边喝着茶一边问："那些普通熟茶都用什么料做的？"

茶小二："这个问题怎么说呢，要分好几条线才能说明白。首先，普洱茶可以分成台地茶和古树茶两个大类，当然古树茶还可以进一步再分，这个以后有机会再说；然后根据采摘季节的不同，普洱茶还可分为春茶、夏茶和秋茶。"

我这时插话："对！春茶、夏茶、秋茶这些说法我听过，春茶因为经过一个冬天的休整所以总体质量最高，秋茶质量也不错而且香气高，但夏茶由于长得快所以品质一般。好像春茶还分成几个更小的阶段，是不是？"

茶小二："可以啊，说得挺专业。春茶是可以再分几个采摘小阶段，一般分成头春、正春和尾春。"

这时候小米粥说话了："我补充一点啊，如果茶树夏季不采的话，秋茶的质量也会很好，香气和喉韵都比春茶好。"

我马上理论实践相结合："对，我刚才就觉得小沱茶比新茶的香气更好，刚才你们好像说小沱茶的料要差一些，是不是说用秋茶做的？因为我觉得香气比较好，不应该是夏茶。"

这下轮到茶小二惊讶了："厉害啊，这下还让你猜对了，这个小沱茶就是用秋料做的。"

我一下颇为自得，继续喝了两泡茶感受香气的变化，此时的香气不再是花香，开始变得接近荷香，而且香气的确要比新茶强一些。

放下茶杯，我又发问："台地茶就是小树茶的意思吗？"

茶小二："还不一样，台地茶可以算是小树茶，但小树茶不一定是台地茶。我先给你解释一下什么是台地茶。台地茶这个名字跟它生长的地方有关，台地茶是种在山坡上，一层一层密集排列，就像上楼的台阶，也有点像梯田。"

"台地茶种得特别密，所以产量很大；而且茶树都做了矮化长不高，这样方便采摘。云南种植台地茶的历史不长，50年代以后才开始大面积推广，所以台地茶的茶树基本上都不到100年，属于小树茶。"

我明白了："这有点像江南地区的绿茶茶园，沿着山坡一条一条的种茶树，是很密集。"

茶小二："相比之下，古树茶的质量肯定更好。你想想看，同样面积的一块地上，台地茶的密度是古树茶的好多倍，每棵茶树能分到的养料反过来就少很多倍，质量当然赶不上古树茶。"

我兴奋地接上话头："所以，品质最好的料就是古树春茶，其次是古树秋茶，台地夏茶应当是再普通不过的料！"

茶小二点头："对，这个小沱茶就是用古树秋料做的，今年的新茶是用古树春料做的，而且是头春。现在用古树料做茶的很少，你在外面肯定不容易碰到。"

说话间，小沱茶已经泡了差不多十泡，顺滑、回甘、醇厚的感觉依然很好，荷香也更清晰。

"用古树料做茶的很少。"我跟着念叨了一句，然后问："不过怎么能说很少呢？我看马连道很多茶店都标着普洱古树茶的字样啊。"

"哈哈哈！"旁边传来了一阵笑声，是小米粥："那些都是生茶，生茶用古树料做茶已经很普遍了。但我们刚才说的一直是熟茶，做熟茶很少会有人用古树料。"

"这又是为什么？"这句话引起了我更大的兴趣，继续向茶小二发问。


## 渥堆发酵有风险


茶小二："这个跟工艺有关，做熟茶要比做生茶麻烦得多。生茶工艺比较简单，鲜叶摘下来先摊晾，然后锅炒杀青，之后是揉捻晒干，主要工序就完成了，统共就两三天的时间，最后把毛茶压成饼或者砖，就可以拿出去卖了。"

"但熟茶加工麻烦得多，要在生茶的基础上继续加工，而且加工时间很长。熟茶是渥堆发酵出来的，这个你肯定听说过。"

我点点头："是听过，但不知道具体过程是怎么样。"

茶小二："渥堆既然是个堆，那就得茶堆出来一个堆。一个堆子要用很大的茶量才能堆起来，一般用量从几吨到几十吨不等。我们的堆子小，

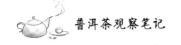

但也要用一两吨茶的样子，所以这里面的风险很大。"

渥堆的风险在哪里，我完全搞不清，只好一脸疑惑地继续往下听。

茶小二："首先讲讲渥堆的损耗问题，从生茶加工成熟茶会有数量损耗，差不多是 1.3:1 这个比例，也就是说会损失 30% 的茶。但这只是个小问题，关键问题是——渥堆不能保证百分之百成功。"

"渥堆的时间很长，至少要 45 天。渥堆是为了茶能快速发酵，需要堆子一直保持在合理的温湿度水平。温度不能太低，低了不发酵；也不能太高，高了会烧堆。湿度也是这种情况，不能太低，低了发不好；也不能太高，高了会烂堆。但茶堆在发酵过程中会有温湿度方面的自然变化，堆子里的温度会慢慢升高，湿度慢慢下降。还有一点，外部天气的变化，比方说刮风下雨也会影响堆子的温湿度。"

"所以，渥堆要全程保持紧密关注，经常去翻堆、补水，防止温湿度走偏，这里面的变数太大。有时候堆子可能发不好或者不均匀，严重时还可能烧堆。我强调一点，出问题就是整堆茶都有问题，甚至废掉！"

"啊！"我不由感慨了一声，这下明白了："那还真是，用好料做茶的风险确实大，难怪说用古树纯料做熟茶的少，换成我估计也心里打鼓！"

茶小二："对啊。正常情况下做熟茶都是用普通料，台地茶、夏茶什么的，这样就算堆子发坏了损失也不大。但是，这又导致了另一个大问题——熟茶的品质上不来。"

我频频点头："难怪难怪！怪不得我乱买的那些茶饼不好喝，有的茶汤寡淡，有的有异味，还有的喝了喉咙不舒服，关键还没什么'体感'。如果都是那种原料的话，说什么我也不会喜欢熟茶。"

茶小二得意地说："这就是古树茶的魅力，台地茶可喝不出这种口感，茶气就更比不了。"

我被"古树"二字吸引了："茶树长多少年才算古树？"

小米粥想了想："这有几种说法。最常见的说法来自西双版纳州《古茶树保护条例》，里面把 100 年以上的茶树规定为古树。但茶客们喜欢用茶气和体感作标准，他们觉得 300 年以上的茶树才有明显茶气，所以 300 年也是个说法。"

**熟茶渥堆**

茶小二："那个保护条例也提到了300年，规定300年以上的古茶树绝对不准采伐，300年以下树龄的茶树才允许采伐做研究什么的。对了，还有个关键，古茶树保护条例明令禁止在古茶树生长范围内用农药和化肥。"

我对农药、化肥这两个词比较敏感："这个规定好，有时候喝茶不踏实，就是怕有农药残留。看来古树茶没有这方面的问题。"

茶小二："那当然，古树茶是真正的绿色有机。"

我眼睛一亮，充满期待地问道："那你这些古树茶，用的是哪个标准？"

茶小二："我这些茶都符合茶客的标准，300年树龄起，还有树龄更大的，有的都接近千年了。"

我吓一跳："这么大的树龄，那不是很珍贵？"

茶小二："那肯定啊，树龄越大茶树越少。用上千年茶树的料做茶，没多少量，是很珍贵。"

"那为什么你要用古树纯料做茶？明知风险这么大。"我问起这个琢磨了好一会儿的关键问题。

小米粥在旁边"补刀"："当时我也问过他这个问题，这么做茶不太符合常规，一般人都不愿意拿好料冒险。"

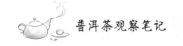

茶小二嘿嘿一笑："首先呢，我一直想做出一款好茶，2006 年第一次碰到古树熟茶后激动得不行，味道实在太好了。当时就想应该这么做茶才好，但是成本提高太多，风险又很大，心里也犹豫。"

喝了一口茶，茶小二接着说："再就是缘分了，不久之后就遇到了你们这群金融圈的茶友，也是特别喜欢古树茶，非常支持我这么做，而且给了我很多重要帮助。后来我就每年做一部分古树茶，不停地试验改善工艺，直到去年才真正定型。其实我的古树茶产量不大，茶友们差不多年年分光，搞得跟众筹似的，外面还买不到。因为这个情况，我才把古树熟茶一直做到现在。"

听到这里我恍然大悟，很兴奋能遇到这么一个有内涵的小众熟茶。我一边感慨一边举杯，居然发现茶汤的味道变了，很浓郁还有点堆味，原来茶小二已经把茶换成 13 年头春熟茶了。

此时我心里的问号全都消除，获得感满满，心理那个舒坦。接下来就不再多说什么，跟茶小二和小米粥一起静静地品尝 13 年头春熟茶。

一泡，一泡，又一泡……

又一轮打嗝、微汗、身体变暖……

十五泡了，茶小二打开了电陶炉，说："该煮了。"

等茶小二这句话已经很久，我非常期待能尝尝煮茶的味道。

茶小二把紫砂壶中的茶倒进一个更大的紫砂壶里，把电水壶里的开水倒了进去，然后又把那个大紫砂壶放到电陶炉上。我看得一阵紧张，心说那个紫砂壶不会炸裂？

静静等了几分钟，第一煮出汤了。果然很不一样，无论香气、醇厚度还是顺滑感，都明显上了一个台阶，味道太棒了。

第二煮出汤的时候，荷香味变成浓郁的红豆香，我特别喜欢这款近似豆沙的香味生出一种明显的愉悦感。

第三煮出汤，这次最明显的感受是身体深层有暖意在流淌，隆冬时节身体感受到这种暖意，顿时觉得冬天貌似也不冷。

正在静静感受之时，突然发现到了赶饭局的时间，无奈之下只好告辞。不过这次学乖了，这等好茶碰上了不买更待何时，我不准备空手而归，便让茶小二帮我拿了两提新茶。

此时又发觉了一个重要细节——居然还没去过洗手间。要知道已经喝了两个多小时的茶，这可跟平时喝茶不同，稍稍有点奇怪，但也没多想。想想怕路上堵车严重，便去解决了一下。

临出门时，茶小二说："过几天就到元旦，茶舍要举行一个新年茶会，泉景大哥会过来主持泡茶，你要不要参加？"

这个消息很有吸引力！这位泉景大哥我还没见过面，说起来正是因为他弟弟泉普的介绍，我才找到这间茶舍，是应该当面道谢啊。再说了，泉景可是传说中的茶道"大牛"，得跟着好好学茶才是。

我当即应允："好，必须参加，到时候见！"

**熟茶渥堆**

地点：北京马连道

人物：坤土之木、泉景、卿泉、郎中令、天线宝宝、茶小二及茶友若干。

新年茶会的时间要到了，茶小二提前打来电话确认是否出席。提前确认的原因很简单，想来的人比较多，但座位有限。茶小二说提前确认的才

能参加，后面再想来的茶友就只能婉拒了。这下让我更加期待，想到茶会上能见到不少喝茶牛人，有点小激动。

# 大师手中的 13 春熟①

隆冬时节的周六下午两点，我在阵阵北风中赶到茶舍。此时围绕茶台坐了一圈人，众人给我让出一个座位，我向众人抱了抱拳坐了下来。茶小二将我介绍给众人，又把其他人向我做了介绍，果然金融人士扎堆：银行、证券、基金、PE，再加上我，金融子行业快凑全了。除了金融人士，还有一位中医名家，让我更加觉得亲切！我又专门和泉景老兄握了握手，这下就算接上头了。寒暄一阵之后，我的陌生感无影无踪，茶舍中一片轻松欢快。

坐在泡茶位上的泉景说："人都到齐了，咱们开始吧。今天我们计划喝三款茶，先来一泡岩茶起头，再喝一道 13 头春熟茶，第三道是最早的2002 年古树熟茶。今天大家是借新年这个机会凑在一起，收尾环节来个高雅的——橄榄炭、白泥炉和紫砂壶。"

一番开场白说完，茶舍里响起阵阵掌声，还听到有人笑着说终于又见橄榄炭。

我也在琢磨后面三个词的意思，在之前看过的文献资料中，肯定没有橄榄炭和白泥炉这样的字眼。橄榄炭要用来干什么？这下好奇心大起，顿时觉得不虚此行。

泉景取过一个小茶包，说："去年的马肉。"我当即眼睛一亮，岩茶我多少还是懂一些，所谓马肉是"马头岩肉桂"的简称，绝对是岩茶中的一流名茶！这下爽了，岩茶的岩韵我还是很喜欢的。

---

① 全书保留简化年份茶名，13 头春、88 青等。

　　只见泉景从身后长架上取过一个朱红色紫砂壶，卿泉从旁配合在茶台上排列了一排瓷杯。大家则悄然不语，目不转睛地看着泉景温壶、投茶、注水、洗茶、出汤……

　　对于岩茶来说，闻香环节很重要，我举起茶杯放在鼻端轻嗅，果然香气逼人。忽然心中起了个念头，就抬眼扫视了一圈，发现一个个都在静静闻香，不少人还闭着双目在感受，我不由得赞叹：果然都是茶道高手！

13 熟茶

　　不知道是茶本身的原因还是泡茶手法的原因，茶汤很柔和，火气也不重，这种口感在以前感受的不多，心中对泉景的佩服又增一分。大家继续静静地闻香、品茗，这种感觉确实有助人心静的效果。

　　茶过五巡，我最喜欢的石头气息在舌面出现了，便开始把茶汤含在口中停留片刻才咽下，这种感觉好极了，喝葡萄酒时我也这样。此时大家开始活跃起来，小声讨论各自的感受。

　　不知不觉间，这道茶已经泡到了八泡。泉景说："喝到现在，这泡茶就到高峰阶段了。"

　　又过了几泡，泉景说："行了，这道茶就喝到这儿，这道茶的火不重

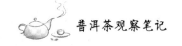

香气好，还算不错。现在大家已经享受了气香和舌面感，下面我们换换频道，喝一下以汤香为主的熟普。"

泉景转向茶小二说："把茶杯换一下，看看谁没带杯子，给补一下。"然后又扭头对大家说："各位把自己带的杯子掏出来吧。"

这下我有些愣神，喝茶还要自己带杯子？这是怎么个意思。还有，刚刚这些白瓷杯挺好啊，干嘛还要换杯子？

正在纳闷的时候，看好几位茶友从包里或口袋里掏出样式不一的小布包，然后又从中取出一个茶杯，虽然花色形状不太一样，但我能感觉到好像是同一类的杯子，跟前面的白瓷杯完全不同，要厚实得多。茶小二数了数面前没有杯子的人，然后从消毒柜中掏了几个杯子出来。我一看就乐了，这些杯子跟他们自己带的杯子是同一类型。喝不同的茶要换壶，这一点我是理解的，但为什么要换杯呢？搞不清楚什么状况，又不好意思问，我就在一旁继续默默观察。

再看泉景，把手里的朱红紫砂壶放到一旁，扭头从长架上取下一把紫黑色紫砂壶。我定睛一看，正是上次茶小二给我泡茶的那一把，壶身浑圆，上面既没有文字，也没有图案，非常简约。泉景说了一句："用过不少壶泡熟茶，还是这把壶的效果最好，绝对是熟茶神器！"

这时茶小二已经把13头春熟茶用茶荷装好放到泉景面前，泉景低头沉吟了一会儿，又取下一个公道杯放在面前，看来是要用两个公道杯。

泉景用开水温了壶，然后将茶叶投入茶壶，没有注水就把壶盖上了。我看得很仔细，也很奇怪，这是干什么？之后，就见泉景用开水把各人面前的杯子也温了一遍，然后又倒上半杯开水，轻轻说了一句："大家清清口。"

这很有道理，两道茶之间的区别很大，如果不清口会影响下一道茶的口感，这个细节跟葡萄酒品鉴的要求完全一样。这一细节大大提高了我对泉景和这群茶友的印象分。我举起茶杯喝水，一下发现这个杯子比想象的重不少，握在手里很有质地感，不由对换杯的做法平添一丝好奇。

喝完白水，泉景举起茶壶打开壶盖闻了闻，轻轻点了点头，这才把壶放在茶台上开始洗茶。

第一泡茶的茶汤入杯，我端起杯尝了一口，咦，味道有所不同。又喝了一口，口感确实不一样，这让我有点惊讶。这款茶我已经喝了很多次，要么是茶小二泡，要么是我自己泡，虽说茶小二泡的茶要比我泡的好喝，但差距绝不像今天这么明显。今天的茶汤一入口，马上就能发现口感效果明显提高——无论柔和度还是顺滑感，已经有点像我自己泡到第三泡时的状态。

这下我费神琢磨上了，刚才那道岩茶喝着不同，还可能是因为茶叶不同，但这道茶的差异可就不能这么解释了——同样的茶、同样的水、同一把壶！

想到这里，我只能大致推测——泡茶手法导致的差异。凭借茶艺手法能让茶汤出现这么大的提升，泉景确实牛，果然名不虚传！第一次，我真切产生了要提高泡茶水平的念头。

有了这个念头，我就格外仔细地观察泉景的泡茶手法，观察他的每一个动作，甚至泡茶的每一个细节，同时也格外认真地体察每一泡茶汤的细致变化。

渥堆味儿在第二泡就不明显了，我猜测这是因为注水前茶叶在温过的空壶中待了几分钟的缘故。

果然，第三泡的时候堆味儿几乎不见了，口中能感受到的只是柔和香气与醇厚感。嗯，醇厚感也更加饱满舒适。

每一泡的感觉都在提升，总体感觉是茶汤更柔和、香气更舒张、顺滑几乎变成丝滑，回甘比之前更深长。心中连连赞叹：好茶！好功夫！

七八泡之后，茶汤的口感变化不再明显，而体感冲击出现了。之前的感受都有，依然从腰腹和额头发热开始。但是这次身体发热的感觉有所不同，热起来的感受更像是变暖，就是说热感不那么燥动，而是变得更温和，同时在体内的传导更平和；另一个不同是身体变暖的区域宽了，不是溪流而是小河的感觉。

我转头去看被众人称为"郎中令"的那位中医，果不其然，他也双目微闭，静静感受的模样，面容特别沉静平和。我心想，一会儿得讨教一番，问问他对茶气的感受。

基金业达人——天线宝宝在旁边来了一句："还是这个杯子的效果好。"这下正中下怀，本来还在发愁怎么转到这个话题，立即有人"送枕

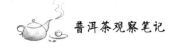

头"过来，马上觉得笑容可掬的天线宝宝更加可爱。

我顺势接了一句："这是什么杯子？"突然又想到一层，莫非是这杯子的缘故，茶汤变得更好？再一想，还是不对，上次在这里喝也是这种杯子。但好像还是发现了点什么，自己泡的茶跟茶小二泡的茶味道有差异，莫非是跟这个杯子有关？

泉景微微点头但没接腔，仍是静静地提壶往公道杯里倒茶，然后继续往各个茶杯里分茶。分完茶放下茶壶，泉景才一边举杯闻香一边回答我的问题："这是五大官窑之一的钧窑，80年代出品，釉很厚很好，对茶汤的提升效果不错。"

说到这儿，泉景扭头对卿泉说："麻烦你一下呗，把刚才的白瓷杯拿一个给坤土之木。"说完这句话又转回头对我说："多给你一个杯子，让你感受一下杯子的不同。"

我这下乐了，感慨普洱茶和葡萄酒实在太相似，这一招在品鉴葡萄酒的时候常用啊。记得当年学喝酒时，我们经常把同一款酒倒在玻璃杯和水晶杯中，体会不同酒杯导致的口感变化。以前光顾着发掘好茶在哪里，真没在这些细节上琢磨。不过，估计再琢磨也想不到这上面，因为我丝毫不懂瓷杯会有什么不同，这难道就是传说中的有文凭没文化？

新一泡茶出汤了，我荣幸地分到两杯。我先把白瓷杯里的抿了一口，心里当即咯噔一声，香气貌似好一点，但感觉有点紧，而且茶汤感觉不柔和，顺滑感也明显下降。我又把钧瓷杯子举起来尝了一口，差异太明显了，那种柔和、顺滑感又回来了。两边反复比较了几次，我很确定地说："的确是钧瓷杯子的感受更好，很有意思。"

我笑着问泉景："这是什么缘故？泉景老兄可否指点一二？"

泉景说："表面上的原因是分子结构有差异，两种杯子的透气性不一样。背后原因是两种杯子的烧制方法不同，那个白瓷杯是现代工艺烧的，应该是电窑；这个钧瓷杯则是传统工艺烧的，应该是煤和柴一起烧的，烧的时间也长。电窑烧的好处是一致性好，你看那些白瓷杯长得一模一样，煤柴窑烧的就千差万别，你看茶台上这几个钧瓷杯子在釉色上就没有一样的，而且形状也有点小小差异，这是温度不均匀导致的。"

喝了一口茶，泉景继续道："这些烧窑的细节不多说了。我们喝茶的

50

时候记住几个关键点就行，气香高的茶，比方说岩茶单枞，要用透气性弱的杯子来留香提香；汤香为主的茶，比如普洱，要用透气性强的杯子来调节改善茶汤。"

我频频点头，这种操作性强的"干货"很重要，赶紧把这几句记住。我一口喝完白瓷杯里的茶，顺手把空杯递给茶小二："把这个收到旁边吧，今天看来用不着了。"茶友们一阵轰笑。

喝到十五泡左右，泉景对茶做了个评价："这道茶今天就喝到这儿，比上一次喝的效果好。在北京放了几个月，堆味儿散的还可以，但火气还是退得不够，还得继续放。"

"火气？"我小声嘀咕了一句，没什么特殊感觉啊，此话从何说起？得找个机会问问。

这时候茶小二又给泉景递过去一个茶荷，里面放着一些从茶饼上撬下来的茶叶，看来是刚才预报的 02 熟茶了。我盘算了一下，从 2002 年到现在，这个茶已经有差不多 12 年的时间，这个算是有年头的陈茶。

各种文献资料虽说对什么叫做普洱茶争议不小，但对普洱茶"越陈越香"这一核心特点却保持了众口一词，而且通过对普洱茶生化指标的检测分析，又找到了老茶变好的科学依据，普洱茶"越陈越香"的观念算是彻底站住脚了。

之前，我喝过存放时间最长的茶是罗浮山人那道茶，那也没到 10 年，而且我现在也可以确定那不是古树茶。想到一会儿要喝到一个陈放 12 年的古树熟茶，禁不住再次小小兴奋了一下。

## 泥炉炭火煮 02

照旧，大家又用温开水清了清口，进入品尝 02 熟茶的环节。泉景介绍说："泡这道茶的水温一定要高，电水壶里烧好的水要倒进陶壶里继续提温，"然后扭头对茶小二说："现在需要水官了，得有人专门负责烧水。"茶小二点点头挪到两个烧水壶旁边就坐，看来是要专司烧水。

02 熟茶

　　水官这个名词是第一次听说，泡茶需要专人配合烧水的情况更是第一次遇见，今天的茶会让我有些叹为观止。

　　我继续认真观察泉景的手法，马上发现了一个新的细节。泉景把茶叶装入温过的空壶后等了一会儿，打开闻了闻，似乎有些不满意，就把壶盖好后捧起来上下晃了几晃，然后又用开水在壶身外淋了一圈。又等了一会儿，泉景打开壶盖闻了闻，这才露出满意的神情，随后开始向壶里注水洗茶。

　　第一泡茶汤入杯，小心翼翼端起来一闻，果然没有堆味儿，入鼻是一股淡淡香气。完全不是刚刚13头春熟茶那种强烈直白的气息，是一种淡然绵延的感觉，让人不觉放松下来。在新茶的强烈衬托下，老茶的气息格外清晰，不由得让我期待后续变化。

　　第二泡茶汤入喉，滑度好！顺滑的感觉明显高于13头春，香气仍是淡然绵然的样子，但在醇厚方面似乎并无惊艳。正在细细比较之时，我觉察到一个有意思的体感——肚脐附近出现一股暖意，稍后又觉得头上的热度有所下降。

　　我非常意外，脱口就向仍然微闭双目的郎中令发问："郎中令，请教一下。这道茶的茶气跟13头春很不一样，怎么直接就有往肚脐小腹走的感觉？而且这才第二泡，速度这么快？"

　　郎中令抬头睁眼，朝我微微一笑："对啊，这就是陈茶的力道！茶气方向跟新茶往上走不同，直接往丹田走，而且能汇聚。茶气确实来得快，看来你的身体挺敏感的。你再感受一下，茶气这么往下一走，还能引导身体上部的气一起往下走。"

说到这儿，郎中令又自言自语了一句："还真有点'引火归元'的感觉。"

这句话声音虽然不大，却让我精神大振。"引火归元"是中医里的一个说法，意思是如果有人出现上火的情况，就要用一些方法把火气从身体上部引回到腰腹部位——生命活力的根本之地，这种治疗方法就叫"引火归元"。

正是因为这几个字，我一下理解了泉景刚才说的 13 头春火气没退——喝 13 头春会很快出现额头发热的情况，而且那种热感稍微有点燥，这就是茶里面的火气！

如果不是郎中令提到引火归元，我还真没把头上热气下降这一点跟火气下降联系上。搞明白这一点，我对泉景和郎中令的佩服都再增一分！

不觉间已到五泡，茶汤里的饱满度提高了不少，感觉很醇厚，再和顺滑感结合起来，茶汤入口出现一个更舒服的感受——糯滑。体感也更好了，远比 13 头春更柔和的温热感运转到了双脚，而且感觉温热感是从身体内部发出，不像 13 头春的热感入体有限。

第七泡了，此时让我印象深刻的口感是回甘——绵柔深长，体感方面则是温热感自下而上出现在了后背，貌似在走一个循环。这时候全身舒张放松，之前心情激动带来的躁动渐渐平静，整个人进入一个很舒适的状态，嗯，貌似有点泡温泉的感觉。

超过十泡了，香气变化开始表现——红豆香叠加荷香，闻起来有点红豆雪糕的感觉。此时，大家的交流声也小了，闭目感受的却占了多数。

大约有十五泡的样子，泉景点评说："这道茶就是好，这么多年一直特别喜欢。隔了几个月没喝，感觉总体又提高了一点，这茶还要继续放。"

听到这里，我默默地把 13 头春和 02 熟茶做了一些比较，尤其是按照书上的规定动作：香、滑、醇、厚、甜。我承认，02 熟茶近乎完胜 13 头春，普洱茶果然越陈越香！

正在认真琢磨之时，茶舍里响起了泉景的声音："泡茶环节就到这儿，

这个茶要好好煮一下，不过今天不用电陶炉煮，用个传统方式——炭火煮茶。"

卿泉在一旁说："今天虽然有点下雪的意思，但还没下，如果外面下着雪，我们屋里煮着茶，那感觉多好。"

郎中令接腔了："晚来天欲雪，能饮一杯无？古人是有烹雪煮茶的做法，的确风雅。"

天线宝宝："虽然没有雪，但我们有橄榄炭生火、泥炉烹茶啊，这可是古代文人雅士的标准配置。是要学着风雅一点，不然总有人说我们'金融民工'没文化。"

这话引来哄堂大笑，泉景故意来了一句："天线宝宝，出去别说我认识你，我们可是有文化的人。"

茶小二是实干家，这时已把橄榄炭和引火物取了出来，准备去生火。我来了一句："我还真没文化，第一次看见这东西，让我学习学习啊。"说着就拿起一个黑糊糊的橄榄形小炭块来看，原来是橄榄核烧成的炭，把一个一个小核烧成炭得花点功夫。

把炭放下后，我弱弱地问泉景："泉景老兄，不知道用橄榄炭烧水有什么不同之处。"

泉景的回答很细致："橄榄炭易燃性好，烧起来火力均匀，而且没什么烟。用橄榄炭烧出来的水活性好，水比较软，能把茶叶里面的东西带出来，不管是醇厚感还是回甘，都能得到提升。"

我恍然大悟地点点头。

卿泉补充了一点："其实以前煮水炭有好几种，不光是橄榄炭，还有荔枝炭和龙眼炭，现在这两种炭由于工艺复杂不太流行了。"

我忽然想到一点，又追问一句："泉景老兄，我也跑过不少产茶的地方，像爱喝茶的福建、广东等地都去过，怎么没见过有人用泥炉烹茶呢？"

泉景笑着问："你去过潮汕没有？"

我回想了一下，就去过汕头一次，讲完课就走，全程不到 24 小时，算是在机场和酒店做了个往返。就回答说："可以说是没去过，潮州肯定没到过。"

泉景笑了："那就是了，泥炉烹茶是潮汕功夫茶里面的，如果没有在那里和茶客交流过，是不容易见到。潮汕功夫茶很讲究，其实是从唐宋时期茶文化一直保留到现在，好多古文里记载的饮茶方式都能在潮汕工夫茶里找到。"

一席话听得我心潮澎湃，总是听到人们说要去日本把茶文化找回来，我还以为古代茶道一点儿没延续下来，原来还是有保留和传承的。

说话间，门口白泥炉中的橄榄炭已经引燃，泉景就把茶壶中的茶叶倒进了那把大紫砂壶。茶小二走过来把紫砂壶取走放在了白泥炉上，红白相衬的样子很漂亮。

我们静待了几分钟，壶嘴开始慢慢冒气，随着沸腾程度的加大，香气慢慢四散，红豆香的味道越来越清晰。茶小二小心翼翼地把壶送回茶台，泉景等水不再沸腾之后把茶汤倒进两个公道杯，香气更浓郁了。泉景没急着给大家分茶，而是先把紫砂壶注满水交给茶小二继续煮。

终于，煮茶汤入杯，一闻就是沁人心脾的感觉，还是那种香，但是更美妙：入口，口感更好，糯滑加丝滑，入体后的温热感以一种更充沛的感觉释放开来，全身通透。美妙的口感加体感，让人一时之间忘了思考，更忘了交流，茶舍中一片静谧。心中突然一动，难怪高手们说茶可入心、静心。

等大家慢慢从回味中走出来，泉景说了一句话——就是那句迄今以来对我学茶影响最大的话："普洱茶是一种需要用身体去品的茶。"诚然，喝普洱茶需要鼻闻舌尝，但这远远不够，普洱茶的魅力深藏于茶汤之中，需要整个身体去感受去品味！

当第二煮沸腾的时候，豆沙香中透出了一股浓浓的枣香，随着水汽蒸腾，这股浓浓香气充满了整个茶舍，这是一种令人震撼的美妙感受，难怪古人都喜欢煮茶，果然"茶非煮不可饮也"！

一边慢慢品尝杯中的茶汤，一边琢磨日后该怎么泡茶，一个强烈想法油然而生："我也要配一套像样的茶具！"

决心一下，便对泉景说："泉景老兄，今天我学到的东西太多了，准确地说是受到的冲击太大。我是下定决心要好好学喝普洱茶，以后还望老兄不吝赐教，多多指导。"

泉景显然很高兴："有泉普这层关系摆在这儿，咱们之间用不着这么

客气。那以后有喝茶机会我就约约你，你有空就一起，学茶最关键就是多喝，然后慢慢总结，水平自然上去了。"

我高兴地点点头，又说："另外，所谓'工欲善其事、必先利其器'，我今天才发觉自己的泡茶工具太随意，很不专业，现在也想着配一套能达标的茶具，这个也得老兄多指点！"

泉景更高兴了："那好啊！这个方便，过两天我们约一下，看看你想配一套什么样的，我帮你参谋参谋！"

于是乎，在茶会收尾环节，我开始憧憬将会有一套什么样的茶具摆在茶台上……

# 名寨新茶论生茶

经过数年的中医调理，困扰我十余年的肠胃问题终于有了起色，熟茶在这期间作用不小，更是成为日常必备。此前一直不敢接触的生茶，终于敢去品尝一二，不过当年生茶只敢夏天喝，陈放几年的生茶才能大口畅饮。众多名寨生茶一一感受：贺开曼弄、老班章、冰岛老寨……正是在这个过程中，我大体搞懂了生茶、中期茶和老茶的概念。

普洱茶树叶

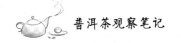

回头一看，学喝普洱茶已有近 5 年历程，毋庸置疑，遇到古树熟茶是学茶路上的关键转折点。如今我对熟茶的兴趣越来越高，茶小二家的古树茶几乎成为生活中的"刚需"。在中药和熟茶的双重帮助下，我的脾胃功能不断好转，大家反复提到的生茶二字对我的吸引力越来越大。终于开始参与生茶品茶会，我学茶路上的新阶段就此开启。

## 新茶记事之一：初论生茶品贺开

地点：北京马连道
人物：坤土之木、泉景、川普、小米粥、茶小二

泉景是骨灰级茶客，对我这种有兴趣的喝茶小白颇有栽培之意。

在泉景的精心指点下，我入手了几件不错的茶具：先是宜兴紫砂壶，包括一把"熟茶神器"同款，然后是不同杯型的钧瓷杯若干，算是配齐了基本装备。我也有样学样，精选了一个小杯作为随身杯，还专门找了个古朴的小布袋来盛装。这样一来，我终于在形式上跟大家取得了一致，可以在喝好茶的时候用上专业且专属的茶杯。特别提一句，选配茶具的历程也让我大长见识，理解了好茶还得器具配。

话说已是初夏，泉景和茶小二他们陆续从云南茶山返回北京，大家又可以约着喝茶。几周之后，从云南发来的贺开古树新茶也到了北京，泉景就召集大家有空的时候品尝新茶。我虽然很想试试，但因为前些年我一喝绿茶就痛苦不堪（细节在此省略 200 字），心里总是对新茶的寒气存在心理障碍。所以前面几次试茶活动，我都找借口没参加。后来泉景专门给我打电话邀我去品茶，宽慰我说少喝一点没事，并且说喝完生茶会用熟茶去冲一下寒气。我觉得这个安排貌似不错，可以接受，就略带惴惴地答应了。

其实，泉景电话里最打动我的是一句话——喝普洱茶一定要了解它的转化。要知道"转化"是普洱茶最打动人的地方，当年新茶是初始状态，这是体会一款茶后期转化的基础所在，一定要了解！

天气已经热起来了，我们又是在周末下午汇集到茶舍。除了我之外，一直忙于工作而未能参加试茶的川普这次也来了。话说川普老兄的本名中有个"川"字，加上又特别喜欢普洱茶，就被大家戏称为"川普"。

寒暄之间，茶小二从塑料袋里把蓬松的生茶取出来，小心地放在盖碗里。这是我第一次认真观察毛茶状态的普洱生茶：叶体很长，由于揉捻形成了细长条，并且相互缠绕看上去很像一团绳索。我一下明白了，难怪书上在介绍普洱生茶时总喜欢说条索如何如何，看上去确实很像。

贺开茶汤

我很关心树龄："这些茶树有多少年了？"

茶小二："这些树龄很大，应该是在500年到800年之间。"

我满意地点了点头，这么大的树龄，茶气肯定不错，看来可以好好感受一下生茶的体感了。

突然发现茶小二没用紫砂壶！用的是一个泡岩茶的白瓷盖碗。这有点奇怪，我刚刚被紫砂壶和钧瓷杯的口感教育过来，怎么好像又不对了呢？

按耐不住心下困惑，我连忙发问："茶小二，你为什么不用紫砂壶，而是用盖碗？"

茶小二："这是新茶啊，泡新茶的水温不能太高，盖碗散热好，不会

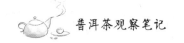

把茶叶泡的太过。紫砂壶正好反过来，散热慢，容易把茶闷住，就不是新茶本来的味道了。"

我这下明白了："收到！这一点跟泡绿茶的情况差不多，好久不喝绿茶，把这个细节都给忘了。"

这时小米粥补充了一句："还有一点，紫砂壶出水没有盖碗快，也会影响茶汤的味道。"

泉景也跟着解释了一句："紫砂壶透气性好，能吸味。虽然我们不是特别强调普洱茶的气香，但香气多少也是有的，尤其新茶香气更明显一些。如果用紫砂壶泡的话，茶的香气会被吸收一部分，影响对茶香的感受。"

我笑着说："这下搞懂了，不过我嫌盖碗烫手，以后如果要泡生茶我就用朱泥壶泡。"

泉景："可以，盖碗不顺手也不用强求。反正平常还是喝熟茶和有年份的茶为主，还是紫砂壶用得比较多。"

我点点头："那是不是等会儿用的杯子也得是白瓷杯更合适，钧瓷杯也会吸味道。"

茶小二笑着说："进步真快，是要用白瓷杯喝新茶。"

我突然一激灵，马上扭头问泉景："我意识到一个问题，刚刚一会儿用新茶这个词，一会儿又说生茶这个词，书上还经常见到说老茶。这几个名词是怎么界定的？尤其新茶和老茶怎么区分才靠谱？"

正在此时，茶小二的声音响起了："第一泡，请喝茶。"

泉景："来来来，先喝茶，这个话题一边喝一边聊。"

我小心翼翼地端起茶杯，既是有点怕烫，也是有点紧张，更多是一种期待。

举杯先闻香，一股清新香气扑鼻而来，仔细感觉了一下，貌似是兰花香。当然，这种香气无法跟以气香著称的单枞相比，即便和绿茶或岩茶比，香气也偏弱。

茶汤喝到口中，清新的味道更清晰，兰花香的气息也更加明显，普洱茶"汤香胜气香"的特点果然不假。还没来得及夸，茶汤中的苦味紧接着就显现出来了，比绿茶的苦味还要浓重一些。茶汤虽然看上去清澈，但喝起来感觉很有内容，看来这是古树茶的缘故。

随后第二泡入杯，香气依旧，但苦味似乎略有减弱，而且在嘴里停留一会儿之后就消失了，这可能是书上说的苦味能化的感觉。

第三泡入杯，气香和苦味已经适应了，此时又发现茶汤虽然看上去跟绿茶相近，但是口感要饱满得多，仿佛茶汤里蕴含了很多内容，又说不清楚是什么。

又一泡入杯，出现新的变化，之前若隐若现的涩味明显加重。我一下又联想到葡萄酒，好酒也会有这样起伏的口感变化。

泉景一直没说话，就是闭目感受茶汤的细微变化。扭头看川普，也是一样在仔细品味。

又喝了三四泡，涩味已完全退去，口中的回甘愈加明显。最关键的是，我特别喜欢的体感出现了，尤其是头部的感觉，茶气顺着脖子从耳后向上推进，所到之处均有热感并且微微出汗。夏日的炎热感顿时减轻，人也精神了许多，感觉十分舒适！我禁不住赞叹一声："好茶！"

泉景笑了："怎么个好法啊？"

我嘿嘿一笑："个人一点粗浅感受。茶气很强，能往头上走，而且能发汗，一出汗就觉得烦热散了一些。另外，觉得头脑变得很清醒，似乎比绿茶更提神。"

川普："新茶是能够消暑，适合夏天喝。另外，这个茶也是古树茶，提神的效果很突出。从口感上，觉得怎么样？"

我不好意思："这我不懂，说不好。感觉刚开始有点苦，后面有点涩，不过后面苦涩又都没了，茶汤里就只有回甘。茶汤的变化挺复杂，以前喝过的茶里没有这种经历。说起来，也就绿茶的苦味变化跟这茶有点相似，但没有气感和体感。对了，茶汤里还有点花香气，好像是兰花？"

川普："你这些感受都对。不过你以前生茶喝得少，可能缺少对比，没法做出更细致的判断，是吧？"

我点点头："实不相瞒，我以前根本就不敢碰生茶，这是我第一次正经喝生茶，而且是新茶。"

泉景："没事，经验可以慢慢积累。你刚刚描述得挺好，已经把这款茶的主要特点说出来了。记住这个新茶的味道，以后再体会它陈放转化的

情况，就更能理解普洱茶的吸引力。"

泉景这几句话一下又勾起了我前面那个问题，我就接着问："好！我接着慢慢体验。对了，这个新茶、老茶怎么界定为好？"

小米粥："我刚刚想了一下，好像有个台湾的老茶人提出了个标准，说是50年以上的生茶叫老茶。"

我惊讶了："啊？50年以上，那不到50年的都叫新茶吗？"

泉景："小米粥刚刚说的那位老茶人其实在老茶前面还分了两类。他认为20年以内的叫新茶，20年到50年的叫旧茶。不过，新茶、老茶的划分没有什么统一标准，不同人会有不同的看法。川普，你觉得呢。"

川普："是这样，存储的影响很大。茶放在云南、放在北京、放在广东，转化速度各不相同，单论年头划分新茶、老茶也不是很准确。"

我转头想了想："那以存放在云南的干仓为标准。两位老大哥觉得新茶、老茶的划分年限应该是多少年？"

川普："我先说，泉景压阵。个人经验，我觉得陈放30年以上的可以叫老茶，20年左右的可以称作中期茶，7年以内的可以叫新茶。"

我点点头，转头看向泉景。

泉景："我基本同意川普的意见，7年、8年和15年是关键转化周期。因此，我认为30年以上是老茶，15年以内的是新茶，两者中间的是中期茶。7年算是过了一个大转化期，说中期茶问题也不大。"

我发现了一个细节——泉景没有用"生茶"这个字眼！我就追问："泉景，你为什么没提到生茶这个词，只听你用了新茶、中期茶和老茶三个词。"

泉景还没说话，小米粥笑着说了："生茶这个词是跟熟茶对应的，没有熟茶的时候就没有生茶，以前人们就说普洱茶，新茶或者老茶，不分生熟。熟茶1973年才真正开始出现，以前人们不用生茶这个词。"

我一下恍然："对啊！没有熟茶的时候，哪有生茶概念，以前的普洱茶只能用新茶、老茶来区分，明白了！"

泉景："你肠胃难受吗？我们喝一泡熟茶给你缓缓？"

我摸摸肚子："好像没什么难受的感觉，不过出于稳健的考虑，还是喝一泡熟茶吧。"

泉景笑笑，起身准备泡茶，又拿出了那款熟茶神器——一粒珠。

川普："过一段时间，易武他们几个要去我那里喝几款茶，会有老班章噉，有没有兴趣来尝尝？"

幸福来得太突然了，一下觉得川普格外亲切，毫不犹豫："那太好了！到时候通知我，一定到场。"


# 新茶记事之二：六大茶山老班章


地点：北京博望园

人物：坤土之木、川普、易武、大力水手


川普来电话说了喝茶的日子，我自然满口答应。

老班章啊老班章，几乎所有的普洱茶书中都会一再提起，其地位之崇高堪比葡萄酒中的拉菲！以前总觉得这种超级名茶，肯定不容易碰上，不知道什么时间才能有机缘品尝，一直在期待。机会，就这么奇妙！川普约的时间是晚上，虽然有点担心晚上喝茶会睡不着，但也顾不得了，机会可遇不可求，大不了晚上多看几篇研究报告！

老班章

兴冲冲赶到川普的茶室，进门是一个面积颇大的客厅，打量了一下，屋子里文化气息十分浓厚：一侧是张书桌，上面满是笔墨纸砚；另一侧是大茶台，上面自然是各式功夫茶具。

我来得比较早，在等待其他人的时候就和川普闲聊了几句。这才得知那张书桌是川普掌上明珠的，此时她正准备攻读书法硕士，顿时对川普父女二人大生景仰。

说话间易武和大力水手也到了，川普便招呼大家围着茶台坐下，准备开始品茶。

我好奇今天的安排："川普兄，今天喝几款啊？"

川普："先喝个岩茶开开胃，然后重点品一下老班章，后面再看情况安排。"

我很直接："今天就是冲老班章来的，其他的川普兄随意。"

易武："是13年老班章吗？"

川普："对，放了快两年，看看有什么变化。"

说话间，川普从背后茶架上取了一包岩茶，又拿过来一个盖碗。打量了一眼茶包，貌似是一款"牛肉"——牛栏坑肉桂，我暗自爽了一下，这又是顶级岩茶。突然想起包里的杯子，就得瑟地拿了出来。

易武发现了这个细节："坤土之木，你也配上钧瓷杯了。"

我暗自得意："正是，这个杯子喝茶效果确实好。"

易武拿起来仔细看了一圈，说："这杯子不错，釉很厚也很均匀。对了，想不想看看釉里面的结构？"

我一愣："什么意思？怎么看？"

这时我听到川普和大力水手嘿嘿一乐，接着听到川普的声音："这可是易武的特长，易武有装备能让你看到"。

我这下好奇心起："那好，赶紧让我长长见识。"

易武起身从包里翻出一个貌似打火机的玩意，然后一手拿着我的杯子，一手把那个小玩意顶在了杯子的外壁上。他轻轻按了一个很不起眼的开关，紧靠杯壁的那一头突然发出明亮的白光，就像一个小手电。正在好奇之时，又看见易武把眼睛凑在小手电的另一头，很像看显微镜。我大概明白了，这是一种观察仪器，很可能是一种放大镜。

易武用这个小仪器把杯子翻过来覆过去地看了好几圈，然后抬头说："这个杯子确实不错，釉面厚还很漂亮，是老工艺烧法。"

我对易武的景仰顿时如黄河之水一发不可收拾，一个银行从业人士居然这么懂瓷器！

易武这时把杯子和小仪器一起递给我，然后说："这是个50倍放大镜，你也看看，看你能不能有什么发现。"

我一边摆弄一边说："我对瓷器一窍不通，哪里会看。"

易武对我笑笑，用手示意我看了再说。

我就照着易武刚才的样子，把眼睛凑上去看茶杯釉面，马上发现放大后的釉面不是平面了，里面有一些平缓起伏，但看上去很亮很柔和。我刚准备说不会看的时候，突然在镜孔里发现了一个气泡状的东西，仔细看了看，的确是一个气泡，这很让我意外，气泡怎么会出现在釉面里面?! 我用放大镜沿着釉面不停寻找，发现釉面里居然藏着不少气泡，有大有小但很稀疏，排列上也没什么规律。又看了半天，没有发现什么别的有趣景象，就抬头把放大镜还给了易武。

我问易武："看到一些气泡，挺好玩，别的说不出什么。怎么判断这是个老工艺的杯子？"

易武说："我也算不上专家，现学现卖。你不是看到气泡了吗? 这就是关键，现代工艺是用气窑或者电窑来烧，釉面里的气泡大小均匀，排布也很整齐；老工艺使用柴或者煤烧，釉面里的气泡就会有大有小，而且排布没有规律。你这个杯子一看就是老工艺的，对茶汤口感的提升会很好。"

我点点头："泉景兄是跟我说这个杯子是老工艺烧的，我也没问怎么去判断老工艺和新工艺。今天无意间又学了一样，绝对是意外之喜！"

川普："易武就是这样，喜欢摆弄各种仪器工具，从技术层面探讨这些细节层面的东西。来吧，我们开始喝茶。"我赶紧把杯子递过去放到茶台上。

不过川普却表达了不同意见："钧瓷杯还是喝熟茶更合适，岩茶和等会儿的老班章还是用我这里的杯子。如果等会儿喝熟茶，再用你这个宝贝！"

我笑着点头，把杯子放到一边。川普的"牛肉"确实是极品，正山茶

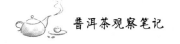

的韵味，火候拿捏适中。喝了七八泡，唇齿留香，岩韵十足。

之后，令人期待的老班章登场了。川普一边准备一边对我说："坤土之木，老班章跟贺开都是布朗山的茶，两个寨子相距不远，也就十来公里吧。今天你可以认真感受比较一下两者的区别。"

说话间，第一泡入杯了。我充满期待地端杯闻了闻，果然一股强烈气息冲入鼻腔，绝对要用冲字形容才合适，扑鼻这个词绝对表达不了这股力量的强烈。小心喝了一口，嗯？好像没有想象中那么苦。

川普似笑非笑地看着我眉头紧皱，却不说话。这时候听到大力水手说了一句："老班章一上来这个劲，就是猛！就是霸气！"

我顿时找到了知音，跟着说："味道确实冲，不过茶汤好像没有想象中那么苦。"

川普惜字如金："别急。"

第二泡来了，居然感觉更苦，苦得有点明显，而且涩劲也出来了，不过苦涩味不像第一泡停留地那么长，慢慢开始消散。随即，茶气往头上冲得感觉出来了。

第三泡入口，入口气感仍然很强烈，但是苦涩味稍稍转淡了，并且转化效果变得明显了，茶汤咽下去不久就会有回甘。强烈的茶气冲到了头部，甚至稍稍有些饮酒上头的感觉。

第四泡，入口的烈感仍然清晰，但口腔开始适应了。茶汤中的苦涩味进一步退去，很快就出现回甘，头部已然微微见汗。

到了第五泡，各种强大的冲击感终于告一段落，苦涩感渐趋微弱，回甘愈加明显。强烈的气感仍然在体内流布，我变得精神头十足，脑子特别清醒，不禁感慨，难怪介绍老班章的时候会用到"茶气霸烈"这个词，果真如此。

川普估计我已经走出了冲击状态，笑着问我："怎么样，跟贺开比有什么不同感受？"

我定了定神："普洱茶之王，果然名不虚传！茶气真烈，苦涩感强，但是转化效果又很好，这种大跨度的起伏变化太牛了！这要事先一点都不知道，保证能被茶汤吓一跳。"

"说起跟贺开比，贺开虽然茶气也不错，但跟老班章比就是温柔型了。

苦涩感贺开也弱不少，感觉跟想象中的茶比较接近。老班章开头那两泡的苦涩，简直有点接近中药的威力。都是一座山，十几公里的距离能产生这么大的差异，有点难以置信！这个差别可要比葡萄酒的差别大得多。"

接下来又喝了几泡，茶气仍然很强但不再那么猛烈，入口柔和不少，回甘也进一步提升。我又仔细回味了一下两者回甘的差异，贺开到后来会更甜一些，但考虑到老班章开头的苦涩程度，两者在转化幅度上应该是接近的。两款茶我都喜欢！

普洱茶树叶

又喝了几泡，估计这道茶已经喝了近十五泡，茶汤的状态仍然不错，果然耐泡。这时川普说："这茶多放了一年，茶气稍有转化，但还不够明显，没个七八年是柔和不下来。喝完这一泡，我用盖碗再闷一泡试试。"

我此时已经周身发热，同时又觉得肚子很空，当即心下一惊。要知道我可是吃了晚饭过来的，晚餐显然已被霸气的老班章刮没了，赶紧求助："川普，这茶喝得我饿了，有没有什么茶点。"

川普乐了："怎么样，老班章霸气吧！现在脑子是不是很清醒？"说着

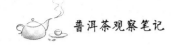

从后面掏出了一堆茶点，我接过来就是一顿填。

缓过神来，我忍不住大加感叹："老班章的茶气真牛，前面几泡我就很清醒了，现在精神头十足。百闻不如一见！看再多书也赶不上亲身体验这一次，理念想象与实际感受相去太远。不过话说回来，这布朗山也够神奇，同一座茶山的茶居然会有这么大的差异，有机会得去茶山转转。"

易武这时慢悠悠地来了一句："是得去茶山转转，但不能光去一个布朗山。云南可有不少茶山，每个都有自己的特点。"

川普："坤土之木，茶山是得去看，去感受，去体会好茶是怎么来的。我这些年去了不少次，六大茶山算是走遍了，收获很大。"

"六大茶山"这个词我总在书上见，但好像就记住了布朗山——可能是因为老班章，就随口问："六大茶山都是哪几座山来着？"

川普："六大茶山是一个代称，有好几种说法，比方说古六大茶山和新六大茶山。还有，不论'古六大'还是'新六大'，具体是哪六座的说法也有变化。我们说说常见的几座山，古六大里面有攸乐、革登、蛮砖，新六大里面有……"

川普刚要继续往下说，易武打断了："古六大里还有易武茶山呢，这个你都记不住？"

川普："这个怎么能记不住，不就是因为你坐在这儿，我再说易武容易让人晕吗。我接着说新六大啊，有布朗、景迈、巴达和南糯，等等。"

我点点头："川普，你提到的这些山名，我倒是在书上看过，都有点印象，就是记不住。"

易武来了一句："你有没有云南茶山图？"

我摇了摇头，我还真没想过弄张茶山图。

易武很干脆："那我过几天给你寄一张，你把图挂起来，没事看几眼，用不了多久就记住了。"

我眼睛一亮："这是个好主意。那我就不客气了，在此先行谢过！"

大力水手也来劲："易武，给我也来一张，我也需要基础知识普及。"

易武："没问题，一人一张！"

这时川普把闷过的老班章给我们倒了出来，一尝，那种浓厚气息又回来了，但苦涩感不明显而且很快就转为回甘，让人很是享受。这下我算部分理解了茶客们的说法——喝惯霸气老班章，很多茶就不想了。

接下来川普开始泡我们熟悉的 13 春熟，我的钧瓷杯终于派上了用场。熟茶喝完，感觉好极了，突然觉得川普这里值得我常来，就说："川普兄，你这里我得常来，这个随身杯就放在这里吧？"

川普非常高兴："那太好了，我保证不让其他人用！欢迎你常来！"易武和大力水手均对此报以热烈掌声。

品茶结束，川普的一句话又让我产生了新的期盼："坤土之木，喝茶不能只盯着西双版纳，有机会你得尝尝临沧的好茶，冰岛就是临沧的茶。"

# 新茶记事之三：临沧名茶话冰岛

地点：北京马连道

人物：坤土之木、泉景、卿泉、泉普、阳光

久未见面的泉普来北京了，电话约我周末跟泉景一起品茶，我高兴地答应了。一是好久没和泉普见面了；二是学茶好机会不能放过。无巧不成书，周末快到时又接到阳光的电话，说周末到北京，约我下午聊天晚上喝酒，约的日子正好跟喝茶的日子撞车。我现在对普洱茶的兴趣大幅增加，就跟阳光好说歹说，总算达成了下午品茶晚上喝酒的一致意见。

我和阳光下午 3 点抵达茶舍，泉景、卿泉和泉普都已经到了。阳光和泉普也是老熟人，但和泉景夫妇不熟，我就给他们做了个简单介绍。

阳光为了不让大家尴尬，落座后马上声明自己对茶的态度："各位，我这个人不喝茶，不懂茶也没兴趣，今天纯粹就是当个观众。你们喝，不用在意我。"

泉景乐了："也许是你还没遇到适合自己的茶，没准哪天你就喜欢上了。没事，你跟着随便喝喝也行。"

我补了一句："阳光不喝茶的原因有好几个，其中一个是脾胃不好，只敢喝点红茶。正因为这一点，我判断阳光很可能会喜欢古树熟茶，今天

可以让他尝尝。"

泉景："可以。不过那得放到后面喝，前面得让你喝一款好茶！"

我一下来精神了："什么茶，莫非老班章?"

泉普："不是，你猜猜。"

我摇摇头："如果不是熟茶，就不好猜了。生茶种类实在太多，记不住，没法猜。除了前些日子喝过的贺开和老班章，别的一时想不到。"

泉景："2013年古树冰岛。"

我禁不住惊呼："不会吧!"

我的失态把阳光吓了一跳，他满脸吃惊的样子。

卿泉在旁边乐了："看把你激动的，怎么就不会呢?"

我连忙解释："前些日子在川普那里品茶，川普正好跟我建议有机会要喝喝临沧的冰岛，不要光把眼光放在西双版纳的茶上。我最近正在琢磨，怎么能想个办法尝到，结果它就出现了！你说惊喜不惊喜?"

泉景："噢，还有这个缘故。我是考虑你前一段喝过老班章了，所以想让你尝个新品种。看来你跟普洱茶还真有点缘分，说什么茶来什么茶。"

冰岛茶树王

说话的同时，泉景拿着白瓷盖碗准备泡茶。泉普则在一旁用茶针仔细撬饼，称好一泡的茶量递给了泉景。

泉景泡茶的手法很柔和，投茶、注水、出汤的动作既没有匆忙之感，更不觉拖泥带水，流畅自如。

洗过茶后，泉景把倒空的公道杯递给我闻香。我轻轻接过来，侧头呼一口气再转头在杯口深深吸了一口，一阵清新蜜香扑鼻而来，比贺开的兰花香浓郁一些。紧接着，入体的香气似乎让我产生了一种沁润的感觉。

我正在感受呢，泉普的声音响了："坤土之木，你别拿着不放啊，让阳光也闻闻，还有我们也等着呢，等会儿香气散了就闻不着了。"我赶紧将杯子递给阳光。

阳光闻过之后言简意赅："挺好闻。"接着就把杯子递给了泉普。

令人期待的第一泡来了，还是那种淡淡蜜香。喝到口里感觉一下，苦涩味很淡，跟老班章截然不同。正在琢磨时，隐约觉得舌底出现微弱的生津感，这也太快了！很快又似乎出现了一丝淡淡甜味，口感确实好。但我特别在意的气感似乎并不明显，貌似还赶不上贺开，这让我产生了一丝不解。

正在胡乱琢磨的时候，泉景给我倒上了第二泡。入口之后继续感受，咦？苦涩感更微弱了，确定舌底生津，茶汤开始有点甜！这绝对是我喝过的几款茶里回甘最快的。不过，茶气的感觉似乎仍然不够明显。

第三泡，生津、回甘，非常清晰，但气感仍微弱。

第四泡，茶气若有若无，似乎气感正从后背向上散布。

第五泡，依旧生津回甘，茶气的感受似乎又强了一些。

我忍不住赞叹："泉景，这茶跟老班章的差别也太明显了点。苦涩味很小，而且很快就变甜，这个口感真好。"

泉景："这就是临沧西半山茶的风格，冰岛大叶种的典型代表，跟布朗山的茶完全不同。"

阳光也忍不住来了句："这茶喝起来是挺甜的，这个挺意外的，我还以为凡是茶都是苦的。"

泉景："不急，这茶耐泡，接着往下品，看看还有什么变化。"

我点点头，继续一杯一杯地品尝和感受。大约喝了有十五六泡，我慢慢习惯了冰岛鲜明的生津回甘效果，就把更多注意力放到气感变化上。冰岛跟老班章的区别很大，老班章一开头就是霸烈的茶气，冰岛则有点慢热、绵绵然、泊泊然的感觉，从无到有逐渐增强，柔和而不失力度！此时，我同样觉得上半身有明显的温热感，额头也微微见汗！

泉景似乎猜到了我在想什么："老班章被称为茶中之王，而冰岛被人们称为茶中之后，有道理吧？"

我点点头："说得太好了，一个阳刚之气十足，一个极尽柔和甜美，真是相得益彰，而且都特别提神。下午这时候我一般会有点困，现在却没有丝毫困意。老班章提神的效果好理解，冰岛这种貌似柔和实则气足的提神效果真有些特别。"

阳光比我更小白："你别说，喝了这茶是挺精神。你们说这个茶叫冰岛，是跟欧洲那个国家同名吗？"

泉普对此有研究："是那两个字，不过也有人把这个地方叫做'丙岛'，都是从少数民族语言音译过来的。"

我也跟着发问："临沧只有冰岛茶是这个风格嘛？还是其他的山头茶也有类似风格？"

泉普："临沧也是个大产区，肯定不会都是一种风格。不过，在临沧的西半山，的确有不少茶都有苦涩弱、生津快、回甘好的特点。"

阳光："西半山？那还有个东半山？"

泉普："是有个东半山，不过这个说法有点误导，不是说同一座山的东边和西边。实际情况是，在南勐河两岸各有一座山，东边是马鞍山，但当地人习惯叫东半山；河西岸是邦马山，人们习惯性叫西半山。我们现在喝的这个冰岛茶，出自冰岛老寨，就在西半山。"

泉景："西半山名茶很多，不光有冰岛，比较有名的还有坝卡、懂过等一堆呢。对了，临沧还有几座著名的大雪山，那里的野放茶堪称一绝。"

我摇摇头感慨："哇，一下觉得学茶之路简直看不到尽头！"

阳光比较干脆："这么多茶哪里喝的过来，选几款喜欢的喝就行了呗。今天这个冰岛茶，我觉得不错，这是第一次对茶有点感兴趣。对了，你刚刚说什么古树熟茶我可能会喜欢，是什么情况？"

泉景见状："这款冰岛我们就喝到这儿，坤土之木，这款茶绝对是冰岛茶的代表作，日后你再喝冰岛，可以用今天这款茶做比较基准。接下来，让阳光尝尝好熟茶的味道吧。泉普，这茶你也熟悉，你主泡。"

泉普应声起身和泉景换了个位置，转身拿出了那把熟茶神器。我一下乐了，也转身从包里取出了随身杯。泉景观察很细致，就问我："怎么好像不是上次选的那个随身杯呢？"

我乐呵呵回答："上次在川普那里喝老班章，感觉特别好，一激动就把杯子留在那了，以后再去喝茶就不用随身带杯了。"

阳光夸张地上下打量了我一番："你对茶的兴趣上得这么快？都带起随身杯了，厉害！哎，你刚才怎么不拿出来用？"

泉景："这个问题好。来，坤土之木，给阳光解释一下吧。"

我照猫画虎地吹了一通，阳光听完之后撇撇嘴，一副将信将疑的样子。泉普见状："那这样，阳光，我给你两个不同的杯子，正好这款 13 熟茶你也没喝过，你用两个杯子比较着喝一下看。"

我钟爱的熟茶环节开始了。

阳光虽然对茶没什么感觉，但是很客观。除了前面有堆味的几泡让他觉得无趣，阳光总体上对这款熟茶很认可，腰背温热的感觉尤其让他觉得有意思。这一道茶喝了足足有十八泡，阳光对这茶的耐泡度也表达了赞叹。不过相比之下，杯子导致口感不同的情况似乎更让他感到兴奋。我则直击"痛点"，说这款茶对调理脾胃很有帮助，这一点果然引起了阳光的格外关注。

不知不觉到了 5 点半，在阳光不断地暗示下，我向在座几位表达了告别之意："泉景，来之前完全没想到是喝冰岛，这下最著名的两款茶算都尝到了，虽然风格迥异，但同样让人印象深刻。普洱茶有如此之大的差异，让我非常意外，尽管我之前多少有些心理准备，这更强化了我学茶的兴趣。今天先告辞一步，咱们下次再叙。"

泉景见状也不挽留，只说有好茶时再约我。泉普说他准备也弄一个像样的茶室，等他的地方准备好了，一定要去他那里品品茶。

阳光乐呵呵地拉着我去赴酒局，貌似这两款好茶的震撼已经消散。

# 茶圣不识普洱茶

《茶经》为唐代陆羽所著，是中国乃至世界现存最全面介绍茶的第一部专著，被誉为茶叶百科全书，陆羽因而被后世尊称为茶圣。然而纵观全书，《茶经》中无一字一词涉及普洱茶，茶圣居然不识普洱茶？这个事情很重要，看来要挖掘一下历史。研究之后发现传统文化的一个细节：要不要跪着喝茶？

正坐茶席

5 年的时光过去了，沉闷多年的股票市场终于盼来一次牛市，如火如荼的上涨让一众金融茶友心情愉悦。正在春光明媚之时，阳光又来北京了，相约一起无主题畅谈。此时的阳光老兄对普洱茶不再无感，甚至对熟茶有些喜欢，于是大家就把相聚地点再次选在茶舍。

地点：北京马连道
人物：坤土之木、川普、阳光、勐混、茶小二

下午 3 点，大家陆续到达茶舍。坐定之后，发现今天的茶友中只有勐混算是新人，就先让他自我介绍。勐混笑容可掬，不紧不慢地说："各位前辈，我是一名金融民工……"

勐混话音未落，我便笑着插了一句："至少得是包工头吧！"

勐混风格照旧，继续不紧不慢地："那就算包工头吧。工作内容比较俗，主要是做项目融资，也包括股票市场的配套融资。一直比较喜欢传统文化，也想学学喝茶，听坤土之木说今天有个茶会，就借这个机会来学习一下。各位都是茶界前辈，还望多多指导啊！"说完双手向大家一抱拳，倒是有些古典的味道。

川普来了一句："又是同行啊，咱们俩业务差不多，都是放贷款。你刚才说前辈的意思，主要是说我们岁数比你大吧？茶界前辈可不敢当，我们最多就是金融圈里比较爱喝茶的。"

大家哈哈大笑，纷纷对勐混表示欢迎。

# 茶圣未曾到云南

这时，坐在泡茶位上的茶小二问："各位大佬，今天想喝什么茶？"

我说："来你这儿肯定还是你的主打品种。先试试你刚运到的 14 头春，再尝尝去年的同款，看看在北京陈放一年有什么变化了没有。"

茶小二："好啊，要不要把茶头也试试？"

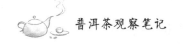

阳光:"听说茶头劲儿大是吧,这个可以试试。"

我接着劲爆提议:"那个02熟茶是不是也搞一下?到时候跟老茶头一起煮一煮,那效果多好!"

茶小二:"也可以啊,那煮茶的时候用不用橄榄炭?"

听到这儿,勐混明显眼睛一亮,大有不虚此行之感。我适度降了降温:"那就不用了吧,那个有点太费,用电陶炉就行。"勐混马上抿了抿嘴,我暗自一乐。

大家都表示同意,茶小二起身去拿茶饼,我们则讨论谁负责写茶牌。经过一番激烈讨论,发现各人都坚持自己没有书法功底,写字拿不出手,就一致决议放弃手写茶牌的雅致程序。

然后是水官推选环节,勐混得票最高,遂欣然就任。

茶品取到,一一称好,列在茶台一侧。大家各自掏出自己的茶杯放在面前,钧瓷、汝窑、建盏,不一而足,简直是个茶具展览。

温壶、洗茶、闻香、品茗……浓郁的千家寨早春熟茶气息飘出来了,茶杯中的氤氲之气缓缓流转,昭示着古树茶丰富的内涵。毕竟是刚刚一年的新茶,茶气柔和程度不足,还得多等几泡。

茶过三巡,新茶的不适滋味开始消散,熟悉的回甘出现了,茶气驱动的体感也在各人身上逐渐呈现,额头和后背发热的居多,我的热感则到了腿上。这款茶的明显变化阶段告终,大家一边等待口感、体感的进一步变化,一边开始小声交流。

勐混向茶小二提了一个问题:"我听说古人喝茶不是这么泡着喝的,好像是煮着喝的,而且在里面加很多调料什么的。"

茶小二:"是的,古代人喝茶比较有意思,那真是喝茶汤啊,把葱和盐什么的,还有药材,都放在一起煮着喝。"

勐混:"那什么时候开始不那样喝了?"

茶小二:"这么具体的我不太知道,得看看《茶经》才知道。"说着就把头转向我:"坤土之木,你喜欢看这些书,看到过没有?要是知道就给讲讲?"

我哈哈一乐:"巧了,我还真能扯几句。倒不是从茶这头过来的,而是从跪坐养生这个话题过来的。前段时间听人说跪坐养生如何如何好,我现在也试着练，不过挺难练的，尤其对于我这个胖子来说。"说到这儿我特意扭头看了一眼身形不在我之下的勐混，勐混又抿了抿嘴没说话。

我小人得志般地笑笑，继续说："我一边练习一边看书，无意中看到了古代坐姿演变的资料，发现坐姿在唐朝出现历史性转折。唐朝时礼仪上的正坐还是要求跪坐，但民间已经开始流行胡坐——现在的散坐。之后的宋朝，跪坐的仪态就基本没有了，所以唐朝正好是关键转折点。我当时就联想，日本人的坐姿跟唐朝坐姿几乎一样，这里面有什么关系没有？为搞清这一点，我去请教了几位专家，又查了一些资料，结果找到一篇关于日本茶道礼仪方面的文章。在这个文章的基础上进一步展开，居然就看到《茶经》了。"

勐混说："那我们偷个懒，就不去看了，听你转述一下。煮茶和泡茶，《茶经》里是怎么说的？"

我点点头道："煮茶喝汤是唐朝以前的做法，茶圣陆羽认为那种煮茶汤的方式不好，认为跟喝沟渠水差不多，《茶经》专门记载了陆羽对此的评价。从唐朝开始，喝茶的主要方式改成了末茶煎煮法，今天日本茶道中的抹茶道就是从这里流传下来的。"

阳光听了很感兴趣："日本人是做抹茶，我还觉得把茶叶磨成粉的方法很特别，好像现在不少年轻人挺喜欢，觉得很时尚。闹了半天，这是我们老祖宗的东西！可惜，这些传统的东西可能多数人不知道。"

听到这儿，我也很有感触，马上接了一句："还有更厉害的，茶圣本人可能根本就没喝过普洱茶！"

这下无论阳光、川普、勐混还是茶小二，全都惊讶了一下。茶小二很激动的样子："不太可能吧，茶圣茶圣，写了号称史上最全的《茶经》，会没有喝过普洱茶？"

我摇了摇头："我也不愿看到这一点，但这是现实，的确让人比较无语。"

我正在琢磨怎么能够简洁一点来表达，勐混明显语速加快地催促上了："坤土之木，拜托你不要吊我们胃口了，快给我们说说啊。"

我就一边回忆一边组织语言："这跟当时的历史背景有关，当时的云南想脱离唐朝版图，自立为南诏国。所以中原王朝跟云南地方势力一直在打仗，陆羽写茶经的时间段正好是在这个时期。"

"说起来，云南归属我国版图的历史比较曲折。虽然早在秦汉时期云南就归中央政府管辖，但是不算太稳定。三国时候，还发生了一次著名的诸葛亮南征，南征胜利后，蜀国才实现了对整个云南的实际管理。而这段南征还创造了一段佳话，那就是在云南很多地方都将诸葛亮视为茶祖或者茶神。对了，这一段历史很有意思，我先插播一下啊。"

**茶会恳谈**

"诸葛亮南征的时候，据说士兵遇到严重的瘴气，最终在附近山上找到了解药——后来的茶叶。诸葛亮南征本意在安抚后方，因此很注意改善与当地居民的关系，就把解毒方法传授给当地民众，茶叶种植自此才流传开来。后来，人们为了纪念诸葛亮的功绩，就把诸葛亮尊奉为茶祖。"

勐混："中医一直说茶叶可以解毒，是不是从诸葛亮的这个发现开始的？"

我摇了摇头："茶能解毒有更早的说法，是神农尝百草时发现的。"

勐混点点头："嗯，这个也听到过。那我们还是继续听那个云南纳入版图的历史吧。"

我笑着继续："三国之后是魏晋南北朝，而在南朝后期的时候，云南一部分退出了版图。接下来是著名的隋朝，结果整个云南在隋朝都不在我国版图之内，直到唐朝立国后才部分回归。接下来就要描述一下细节了，不然不好理解陆羽为什么没遇到普洱茶。细节记不住，待我上网查一下再跟各位汇报，请稍等片刻。"

这时候茶小二换了一把壶，正是我喜欢的一粒珠紫砂壶，看样子是轮到 13 头春登场了。这款茶已经在北京陈化了一年，大家都期待体验一下有什么变化没有。品尝之后发现，虽然仅仅只过了一年，茶气的柔和程度已经有所提升，但茶汤丰富程度却稍有下降之感。几泡之后大家得出结论，新熟茶的状态果然在前几年会有波动。

这时我也把历史细节整理了个大概，清清嗓子开讲，还特别降低了语速："我整理好了，继续汇报。具体是这样的，唐朝后期的公元 750 年，云南起兵反唐，经过 3 年的'天宝战争'将唐军打败，在 754 年建立了著名的南诏国。本来唐朝还要继续作战，结果在 755 年发生了著名的'安史之乱'，中央政府就顾不上云南了。'安史之乱'后唐朝由盛而衰，南诏却扩张得越来越猛，北边居然占到了四川西昌，彻底脱离了大唐。大唐与南诏断绝往来的时间也不短，从 752 年开始一直持续到 794 年。再往后，南诏国变为大理国，仍然不在我国版图之内，直到南宋灭亡才重归中央政府管辖，直至现在。"

说到这儿，我停下来喝了一泡茶，全身上下已经在茶气的推动下温煦如春，感觉极好。

"我们再推一下茶圣的生平，陆羽出生于 733 年，卒于 804 年，活了 71 岁。他的《茶经》花了 20 年时间写成，有证据显示这 20 年指的是 760—780 年。好了，大家再跟我刚刚提到的时间段做个对比，大唐和南诏断绝往来的时间段是 752—794 年。这下清楚了吧，陆羽 17 岁的时候，南诏就叛乱了，而他开始写茶经的时候正好跟南诏联络不上。这样一来，《茶经》中丝毫未提普洱茶的原因就是这么简单直接——他到不了现场，没机会考察，只好不写。另外，我还有个猜测，茶圣会不会觉得叛乱之地的茶叶就不应该去写？南诏与内地重建联络的时候，茶圣已经 66 岁了，以当时的交通条件来看，茶圣可能没有足够体力和精力去跑这一趟了。"

我略微停顿了一下，加重语气说："因此，由于战争的原因，茶圣不

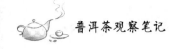

识普洱茶！"

勐混吁了一口气，颇为感慨："事情这么一说就能理解了，就是太可惜了，要是茶圣当年也能喝到普洱茶，《茶经》就不会留下这么大的一个缺憾！"

大家纷纷点头称是。茶小二这下也不泡茶了，摇头晃脑地来了一句："长知识，以前光知道《茶经》牛，以为普洱茶肯定写在书里，没想到是这么个情况。我看我的朋友圈子里好像没谁知道这个事情，以后可以给他们讲讲了。"

## 老茶头、煎茶法与唐宋茶道

阳光提出了一个积极观点："茶圣不识普洱茶确实是遗憾。不过从积极的一面讲，这也算是为后人留下了发展空间，让我们这个时代来认识、发掘和推广普洱茶，让我们有机会去完善《茶经》，准确地说是茶文化。"

众人大为赞同，某种意义上普洱茶现在还处于小众状态，普洱茶文化绝对算是方兴未艾。如果我们能在推广普洱茶的进程中，发挥哪怕一丁点作用，那也是贡献！一时之间，大家貌似都有了一种正在参与创造历史的荣耀感。

13头春此时已喝了有十五泡，入喉顺滑甘甜。再过几泡，勐混不失时机地问了一句："这个现在还喝吗？还是换一个老茶头？"

川普接了一句："勐混的学习劲头很足。不过你的做法很正确，学茶最重要就是多喝，靠实际体验来提高水平。"

阳光也很关注："接下来该是老茶头了吧？这个以前听你们提起过，就说劲儿比普通茶要大，具体什么原因呢？"

我对茶小二说："茶小二先生，这可到了你的强项，你给解释解释吧。对了，我们是喝13茶头还是14茶头？"

茶小二反过来问："想喝哪年的？两个年份都有。"

我朝勐混一笑："为了更好地体感和口感，喝2013年的吧。"

勐混张嘴一笑算是同意,大家也都附和。

茶小二一边准备一边提示:"勐混,这下水要保证提温才行,老茶头对水温的要求比较高。"

川普适时插了一句: "别忘了介绍一下老茶头的知识,有人等着听呢。"

茶小二点点头:"好,在醒茶的这会儿我就介绍一下。'老茶头'是这么来的,做熟茶的时候要把料堆成一堆,发酵过程中还要经常翻堆。但是一个堆子体积很大,人工翻堆时很难把堆子翻均匀,可能有的地方密一点温度就会高一点。温度高的茶叶会渗出果胶,这些茶叶就慢慢粘在一起,时间长就结成一块一块的,看着像小疙瘩,所以以前也把这种茶叫'疙瘩茶'。"

川普问了一句:"果胶在其中的作用是什么时候发现的?"

茶小二不好意思地笑笑:"这我不知道,我就知道原理是这个样子。"

阳光接着问:"那为什么后来又叫老茶头呢?"

茶小二:"这个原因既简单又有意思。一般情况下,普洱熟茶的新茶多少都会有点渥堆的堆味儿,这个味儿要放几年才能消掉,所以有人不太喜欢喝当年的新熟茶。我们刚刚喝的14头春,就是典型的新茶,虽然堆味儿不重,多少还是有一些的。但是如果是好料做的茶头,喝起来就没有什么堆味儿,就像已经放了几年的熟茶,所以后来就把它叫'老茶头'了。"

这时候我一拍大腿来了一句:"茶小二,我们应该先喝2014年的茶头才对,这样正好印证你刚刚说的情况。我刚才的提议不好!"

勐混还是不紧不慢:"也没关系,那就等会儿再喝一道2014年的老茶头呗!多喝我的经验越多。"

阳光:"对,这个提议好,等下再喝一下14的茶头,正好跟前面的熟茶做个对比,这样的学习效果才好。"

茶小二:"没问题,那我们等会儿再尝尝14的。"

2013年老茶头的茶汤已经倒进各人的杯子,大家一尝纷纷点头,确实堆味儿基本喝不出来。

勐混:"确实不一样,没有堆味儿,上来就比较顺滑,好像还有点回甘。我很好奇,为什么在同一个堆子里,老茶头就没有堆味儿呢?"

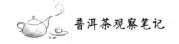

茶小二："这个也简单，老茶头只要成形了，在发酵期间就一直这样，所以茶头里面的温度会比其他部分更高，持续的时间也长。这样一来，老茶头的发酵程度会超过散茶很多，那种新茶的味道就淡了。"

勐混点点头："这么讲很有道理，明白了。不好意思，我又发现了一个小问题，茶汤怎么没有熟茶的浓呢？"

茶小二马上回答："这还是跟刚才说的情况有关，老茶头不是结成了一个一个的疙瘩吗，你看看罐子里茶头的样子。茶头里面的茶叶都是紧紧粘在一起的，很难泡开，所以前面很多泡只是在泡表面上的那一层，里面的根本泡不到。得泡上十几泡，才有可能把茶头泡开，所以刚开始那几泡会淡一点。"

阳光马上又发现新大陆："这么说的话，老茶头岂不是特别耐泡？"

茶小二哈哈一笑："那可不，我有一次把老茶头一直泡了四十泡才算完。对了，老茶头后面煮的效果更好。"

我接上了："那正好，等会儿跟 02 一起煮，效果肯定好极了！我问一个问题，老茶头应该产量不大吧？"

茶小二点点头："老茶头产量小，根据我自己堆子的情况看，老茶头的量也就是堆子体积的 1% 左右吧。"

勐混："那这个东西比较珍贵，今天我要好好尝尝，包括煮的味道。真那么好喝的话，我弄一点儿存着。"

茶小二顿时眉开眼笑："你肯定不会失望。"

果然，随着泡数增加，茶汤浓度也逐渐提升，滋味越来越足。差不多十泡的时候，茶小二打开茶壶让我们看了一圈，果然茶头仅仅是涨大了一圈，总体仍然看起来是一坨坨的。

我赞叹一句："确实耐泡！这个茶可以慢慢品，对磨性子的帮助应该不小。"

阳光还在想《茶经》的事情，问出了一个重要问题："坤土之木，你刚才说《茶经》里提到唐朝开始流行煎茶法，是后来日本末茶道的一个来源。这个末茶煎煮法具体是什么情况？"

我精神一振："这个事情我还真愿意跟大家聊聊，我最近有些拓展的想法一直如鲠在喉，正想找几个人好好交流一下。这样，我先把煎茶法的情况做个大概介绍，再说说我那些天马行空的想法。"

川普："这样好啊，在品茶之时听听茶文化史，再听听拓展想法，这太给今天的茶会增加味道了。来，讲吧！"大家纷纷点头，还有举杯相请的。

我抖擞精神："好！《茶经》里提到了三种泡茶方式，我先讲讲茶圣最关注的煎茶法，有时间再说另两种。"

"煎茶法分为以下步骤：第一个步骤叫炙茶，就是烤茶的意思。先把要喝的饼茶放在文火上炙烤，直到茶饼不冒湿气出现清香。紧接着是把烤好的茶饼放入罐中冷却，之后是碾茶的工序。当茶饼被碾成粉末状以后，再用特质的筛子把粗枝大叶去除，只留下精细粉末。煎茶前要把需要用的茶末称好待用。"

"第二个步骤是备水，这一点相对简单易懂，原则就是'用山水上，江水中，井水下'，所以山泉水为首选。"

"第三个步骤是经典的'三沸'。烧水时等水面出现鱼目状的水珠，此时称为'初沸'，这时候要在水中加一点盐，目的是调和茶汤味道，具体加多少就要由各人自行掌握了。"

说到这里，川普插了一句："到底应该加多少呢？这是个很有意思的文化现象。就像我们菜谱里面说到调料用量的时候往往来一句——少许。但是'少许'是多少就不知道了，只好不断去尝试到底是多少，同一道菜得做很多遍才能有心得。西方菜谱就不这样，他可能就会直接用克数标出来，大家好操作，而且味道还基本一致。但是一致有一致的问题，就不太好根据人群差异来调节口味。这是典型的文化差异，也是我们东方文化的典型特征。"川普的这番发言得到大家高度认同。

我继续："等水面边缘出现连珠的时候称为'二沸'。这时有个重要的技术细节，要将此时的水舀出一部分放在另一容器里，以备后面调节煎煮进程。取好备用水，再将备好的茶末放入水中。"

"再稍等一会儿，水出现明显的翻滚状态时称为'三沸'，这时要把'二沸'是取出的备用水倒回去压制水花，同时把水面漂浮物捞掉。等水再次沸腾，水面会浮出白色的芳香泡沫，此时就可以舀茶饮用了。茶圣认为，头三碗是茶汤的精华所在，舀到第五碗就是极限。"

我喝了一口茶后说："这就是茶圣最推崇的煎茶法主要程序，如果有记错说错的地方，还请大家包涵。后来，煎茶法到宋代做了一些操作调整，又被称为点茶法。"

"与煎茶法不同，点茶法是将末茶先放到茶碗里，然后加入少量沸水把茶末调成糊，之后一边注入沸水一边用一个叫'茶筅'的工具在碗里搅动，这个动作被称为'运筅击拂'，最终使得茶末上浮形成汤花的效果，之后分茶品饮。对比起来，煎茶法和点茶法都是使用末茶，而且后半段的操作基本相同。"

阳光："那这个煎茶道和点茶道对日本茶道的影响是什么？"

我点点头说："这个问题我只能转述书上的记载。日本茶道分为很多流派，但从大类上说主要分为抹茶道和煎茶道。抹茶道是日本茶道主流，在日本被称为'茶之汤'，实际上是我国宋朝点茶法的日本演化版，而究其根源则是茶圣所说的煎茶法。而偏于大众的则叫做煎茶道，这里我强调一下名词的问题，煎茶道其实与煎茶法没什么关系，本质是从明朝传过去的泡茶法，与我们现在的泡茶方法大体一致。"

说到这里，我略略停了一下后才说："这下就很清楚了，日本的抹茶道在操作上与宋朝点茶法雷同，究其本源，都是来自茶圣所说的煎茶法。"

阳光一语中的："这么看来，所谓的日本茶道，其精神实质是我们的唐宋茶道啊！"

我拍了一下桌面："正是如此！每每想到这些，我就为中华传统文化在近现代的低沉感到痛苦。一直觉得应该做点什么，哪怕是很微小的。"

听到这里，川普和勐混异口同声地说了一句："说得太对了，就是应该这样！"

# 正坐、饮茶与养生

大家明显被这两位的话提振了情绪，阳光兴奋地来了一句："我这下明白你前面说的天马行空的畅想大概要说什么了。说说看，你有些什么想法。"

我嘿嘿一笑:"想法倒是有不少,一时半会还啰嗦不完,今天就讲一个细节吧。之前我不是提到了正坐姿势问题吗,也就是现在日本茶道的坐姿。我觉得这个细节值得深究一下。我们现在坐在椅子上,双脚垂直下来的坐法,实际上是'五胡乱华'的影响,由于是从胡人那里传过来,也被称作'胡坐'。传统上的'正坐'是我国古代流传下来的坐姿,将臀部放脚踝上,上身挺直,双手放膝上。正坐的时候,如果两人很亲密的交流,就被叫做'促膝而谈'。"

"通过对正坐姿势的学习,我觉得正坐的好处很大,应该在一定程度上恢复才好。举个看上去不相关的例子吧,中医名著中有个《脾胃论》,是金元四大家之一的李东垣所写。我原来一直奇怪,为什么迟至南宋时期才有关于脾胃病的专著?难道以前脾胃病泛滥程度不高?结合各种历史背景分析之后,我觉得宋朝后正式放弃正坐姿势可能也是一个影响因素。从中医医理上分析,跪坐首先的好处是养膝盖,养膝盖则有助于养肝,而根据'见肝之病,知肝传脾'的原则,肝不好则易影响脾,脾弱则胃弱。从这个意义上讲,正坐姿势的丧失可以说是诱发脾胃病的因素之一。"

"所以我有一个模糊想法,如果能把正坐姿势逐步恢复起来,哪怕是以跪坐养生的方式推广开来,也能帮助一些人。其实,这一点也可以说是用'衣食住行'体现传统文化。现在提倡恢复传统文化的呼声很高,但不少人把文化想得很务虚,所以没找到抓手。其实文化并不虚,具体表现在生活工作的各个方面,恢复传统文化就是要从工作生活中的点滴做起,一点一点扩大影响。比方说,我们可以在茶会活动中慢慢推广正坐,让一部分茶友们学起来,等他们体验到好处了,自然就有动力再继续传播。"

说到这里我稍作停顿,然后加重语气说:"从茶的角度上说,我想表达一个观点:依托传统文化内涵,结合现代生活环境,参考海外保留内容,构建新中式茶道文化。"

话音刚落,便听到一阵阵掌声,显然这也是众人心中的所思所想。

阳光历来传统文化情结深厚,当即表态:"我举双手赞成这个提议。茶是从中国起源的,中国人喝茶的历史也有几千年,现在喝茶的人虽然多起来了,但怎么把茶与人结合起来的文化挖掘和普及还很不到位,要么有人就是纯粹当个饮料喝，要么就是把喝茶想得过于高深，敬而远之。其实喝茶这个事情既不应该太过随意，也不应该让人觉得过于玄妙，应当让更多人了解茶文化的内容和价值，才能把新中式茶道文化真正树立起来。如果假以时日，真能把这套茶文化传播开来，那真是具有历史意义的大事！另外，刚才说的从自身做起的提议也非常好，对我的触动也很大。我现在表个态，从即日起开始练习正坐，把先人提倡外人保留的好东西，在自己身上先恢复起来。"

阳光这番表态同样得到了大家的掌声！一时茶舍之内热情四溢。

川普："茶应当跟养生文化的关系很深。现在中医文化虽然有复兴的感觉，但总体上还觉得不够深入细致，人们还是有病求医为主。中医按照我的理解应当是'治未病'为主，我猜茶在古代肯定在治未病上有很大的作用，这个真应该想办法恢复起来。现在都讲人口老龄化，以后老人的养生保健会是个巨大课题，如果真能把以茶养生这个主题挖掘好，那肯定是对社会的巨大贡献。"

众人也纷纷表示同意，我更加深以为然。此时，13 老茶头已被完全泡开，顺滑回甘的感觉让人回味无穷，同时身上的暖意更盛。

时间已近 6 点，再喝 14 茶头有点来不及了，大家协商之后决定今天暂时放弃，改日再品。做出这个决定的理由非常简单，大家都想喝一下具有传奇色彩的 02 熟饼！在座的几位，除了我和茶小二，可能还没有谁喝到过。

茶小二开始小心翼翼地取茶、投茶，大家目不转睛地看着茶小二的一举一动，显然是期待之至。

第一泡入杯了，大家举起茶杯闻香。勐混今天连喝三道不同的好茶，经验值明显大幅提升，率先表态："果然是放了十几年的老茶，闻起来非常柔和，跟前面的 13 头春和 14 头春区别太大了，一下就抓住了我。"

川普的专业性在这时体现出来了："是很柔和，而且醇厚，跟刚刚喝的几道茶一致性非常好，一闻就是同一个来源的。茶做得好，非常干净！"

我先闻了闻熟悉的味道，然后将茶汤含在嘴里缓缓咽下，之后闭目感受茶气的运转。很快第二泡入口，顺滑的感觉出现了，茶气承接上一泡的力量继续运转，果然又到了传说中的小腹丹田区域，并慢慢汇聚成一片暖意。

随着泡数的不断增加，醇厚、顺滑、回甘、糯香这些评语不断涌现，在之前 2013 年和 2014 年熟饼的映衬下，2002 年的美妙感觉格外突出。此时，大家一个共同的感受就是：普洱茶，越陈越香！

阳光沉吟了半天："川普，听说你去过不少茶山啊。"

川普显然面有得色："是去过不少，自从喝茶找到感觉之后，就总想去实地看看，到底是什么样的环境才能养出来这么好喝的茶。去过一次之后，就一发不可收拾，几乎是一两年去一次，版纳、普洱和临沧的茶山跑了一大半。"

说到这里，心思敏锐的川普猜到了阳光的心思："阳光，你是不是今天也有触动了，想去茶山转转？"

阳光笑着点点头，然后转头看着我。

我也兴奋地点头："对啊！是应该去看看，去茶山实地看才能更好地理解茶叶内涵，才能学得更加深入。"

勐混出语惊人："我也同意去茶山看看的提议！除了你们刚才讲得那些理由，我觉得还有一点：应当把茶圣缺少的那块拼图补上，让《茶经》的缺憾得到弥补。这样一来，构建新中式茶道文化的基础才更加稳固！"

勐混的话得到了一致称赞，讨论内容立刻转入了来年上茶山的话题，气氛一下热闹起来。

茶小二对此经验十足，在他的帮助下，大家很快排定了大致的茶山考察次序和行程安排。

转眼间，02 熟饼也泡到了十五泡，该煮了。

在水官的配合下，泡完的 13 老茶头和 02 熟饼被一并投入紫砂壶，然后放在电陶炉上煮。在大家关于茶山行的细节讨论中，茶汤慢慢沸腾。第一煮入口，那种汤香果然是泡茶法所不能比拟的，但由于是两种茶叶同时入壶，第一煮尚未融合。

又过了几分钟，第二煮出汤了，两种茶汤充分融合，顺滑感被丝滑感取代，暖意在体内流转地更快！煮茶，果然是美妙感觉。

第三煮的茶汤入口后，感觉达到顶峰。勐混也是闭着眼睛静静感受，虽然没用语言表达，脸上却呈现出明显的舒适而沉静的神情。

　　阳光缓缓来了一句："名不虚传！02 熟饼和煮茶。"

　　我也慢慢从茶汤带来的沉静舒适中恢复过来，看着大家静静感受美妙茶汤的样子，心中开始憧憬来年的茶山之行。

# 绵延茶山初体验

神往已久的茶山行如约而至,一众新老茶友在春茶采摘时节抵达西双版纳勐海县,亲身探访了诸多名寨普洱茶。布朗山,茶友们从贺开曼弄出发,路过班盆,一路崎岖抵达老班章,完成了对胜地的打卡;景迈山,布朗族芒景寨,入住公主客栈,揽胜万亩古茶园,登山参拜神圣之地——茶魂台。行程回想,印象最深莫过于被冬瓜猪吓得满山跑!

贺开古茶园合影

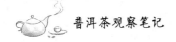

　　时间正如快马过溪流，眨眼就是新一年的 3 月，股票市场在前所未有的熔断冲击中告一段落。所幸大盘指数在 2 月底企稳，不然大家去茶山的劲头可能都不足了。正式出发前确认人数，此前一直热闹的勐混意外没能成行，只能留待下次机会。

　　在茶界著名的明前时段，茶友们从北京、广州、深圳、长春、青岛和东莞等地，三三两两汇聚到西双版纳勐海，2016 年茶山访问团组建完成。仔细一看，居然只有我、阳光和天线宝宝等寥寥几位是茶山新人，还有一位养生专家——院长，也是新人。

　　·

## 茶山记事之一：布朗山上有曼弄

　　我和阳光共同拥有长期不懈的晚睡晚起传统，听着一群喜欢早起的茶友在那边讨论行程时刻安排，心里十分恐慌。犹豫再三，我俩合力进行了坚决而有力地争取，终于把第二天的出发时间推迟到了上午 9 点——这个我平常的睁眼时刻。

　　上午 9 点整，茶友们在酒店大堂集合完毕。不知是因为兴奋还是什么其他原因，我和阳光居然也不怎么困，跟着大家一起兴致勃勃上车出发。我们四个新人正好凑一辆车，天线宝宝荣任司机一职。

　　驶离勐海县城后，汽车驶上的居然不是我预想的崎岖山路，而是一马平川的平原道路。公路两侧郁郁葱葱的热带作物让我们兴奋不已，因为此时的北方乍暖还寒，仍是草色遥看近却无的状态。我们一边欣赏西双版纳的自然风光，一边畅想即将见到的贺开古茶园，不觉间就从大路转上了乡间水泥路，一座座绵延不断的山脉景象出现在前方。

**贺开古茶园**

望山跑死马。刚开始觉得很快就能到山下，结果又开了好一阵，在急迫心情的衬托下觉得这一段路走得相当漫长。终于，车队驶上了崎岖的山地石子路，我们在持续密集的微微颠簸中开始上山。

一个又一个弯道仿佛没有尽头，兴奋感在盘山路持续的蜿蜒中逐渐消退。随着海拔的不断抬升，路旁开始不断出现"贺开"字样的标牌，我们的心情又重新活跃起来。在山路上盘旋将近40分钟后，眼前终于出现了一片少数民族风格的建筑——贺开曼弄到了！

# 曼弄新茶

村长早就在等了。除了我们四位新人，其他茶友显然和村长都是熟人，各种问候各种热情，的确是宾至如归的感觉。等他们招呼完毕，茶小二又专门把我们这几位新朋友介绍给了村长。

村长家的头春茶已经晒好，茶小二招呼大家一起上楼品尝，我们依次踏着木阶梯往楼上走。刚迈出几步，我们就闻到楼上传来一股清新的茶香。茶友们不由加快脚步上了楼，楼上是一个很大的木质平台，四处堆放着没有装箱的毛茶，临窗处摆了一张巨大的根雕茶台，足足可以容纳十余人一同喝茶。看着这么多毛茶躺在地上，我们就像饿狼见了羊群一样散开包围了上去。我也学着大家的样子，激动而又虔诚地用双手捧起一把茶来闻，果然，没陈放的新茶让人觉得特别清新，比刚刚打开包装的饼茶要好得多。照旧回想了一下书上教的办法，又仔细看了看茶叶条索的状态，确实挺长，别的就没看出什么门道。

熟茶茶汤

这时听到泉景招呼大家到茶台那边去喝茶，大家于是放下毛茶往茶台汇集，一位笑容满面的拉祜族中年女子正在准备泡茶。我们足足有 20 人，茶台虽大同时也容不下这么多人，大家谦让了一会儿，把我们几位新人放在前面，不少人就在稍远处或坐或站。

坐定后，有人习惯性地开始掏茶杯，我见状也回手拿过背包要拿茶杯。泉景说话了："建议大家不拿自己的杯子，今天喝新茶就是要尝尝原味，用这里的玻璃杯效果更好些。"我一拍脑袋，对啊！品新茶重在判断茶的自然状态，尤其是要品鉴香气，不能用改善茶汤的杯子，就得用玻璃杯或白瓷杯才是。

很快第一泡茶入杯，幸亏杯子不大，茶汤倒得也不满，我心理稍微踏实了一点：怕新茶茶气太烈，肠胃受不了。端起来小心喝了一口，最强烈的反应就是清新！稍微有一些苦涩，但也不是很明显。

第二泡来了，我透过清新从中发觉一些味道，有点像花香，的确像兰花香，但不是很肯定。泡新茶的水温不高，所以觉得茶性透得不是那么快。

第三泡入杯，这下感觉比较明显，是兰花香带着蜜香，入喉的回甘也变得清晰。喝了这三泡，我暗自点头，跟在北京喝的总体感受一致，但这种清新感是山下无法感受的。

我还是担心肠胃受不了，从第四泡开始就改成小口品尝。随着泡数增加，贺开那种熟悉的变化逐一展开，身上也热了起来。扭头望窗外，是连绵不绝的郁郁葱葱，在这高山之上品尝古树茶，的确别有一番意境，烦恼之事都被抛到九霄云外。

把贺开过去几年的茶暗自比较了一下，感觉2016年的茶似乎内涵更足一些，不知道是不是错觉，还是等2016年的饼茶运到北京后，再仔细尝尝。我的想法很简单，就是要找一个年份好的茶多买点，以后慢慢喝。不知怎么就想到了葡萄酒的评分传统，如果普洱茶也能每年给新茶打打分，岂不是很方便爱好者买茶！

一道茶堪堪喝完，茶小二上来招呼大家去茶园看茶树。进茶园看茶树是我梦寐以求的关键环节，我噌地一下起身就往楼下走。泉普在旁边来了一句："坤土之木，别看你胖，动作很敏捷啊！"大家哈哈笑着，也纷纷起身下楼。

考虑紫外线比较强烈，不少人取出防晒衣往身上套，我和阳光也照葫芦画瓢。阳光的衣服一掏出来，我就乐了："老兄，你这衣服火红火红的，真够艳丽，走在林子里绝对是标志。"茶小二过来一看附和道："这样走在茶园里好，不怕走丢，老远就能看见你这一身。"阳光翻白眼看了看我们俩，一声没吭往外就走。

# 贺开古茶园

步出木楼，我们一行人跟着茶小二向寨子外走去。走了也就200米左右吧，茶小二往右手边的树林一指："这就是贺开古茶园了。"我心说这也太近了吧，还以为怎么也得翻山越岭走上1公里。

这时候茶小二在旁边又说了："在贺开有一种说法，叫做'茶在林中，寨在茶园'。所以茶园跟寨子的距离特别近，采摘方便。"听这么一说，我

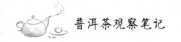

们一边走一边环顾，还真是这种感觉。

贺开古茶园合影

在三岔路口有一条斜路通往林中，茶友们一边漫步一边聊天，三三两两沿着这条土路走入林中。林子密度不大，大树长得疏疏落落，但也有不少地方密布草丛灌木。一边走一边看，看见很多挺拔的大树，虽然没有见过乔木茶树的模样，但也知道这些肯定不是茶树。

正在东张西望之际，我经过了一片灌木丛，随后就听到灌木丛中传出几声野兽发出的呼哧声。我很奇怪，什么东西？说时迟那时快，只见前方草丛中一阵猛烈摇晃，两个黑乎乎的东西飞快地向我冲了过来。我吓了一跳，幸好反应不慢，扭头就跑，跑了几步回头一看，居然是两头冬瓜大小的黑毛猪，它们嗖地从我身旁冲了过去，奔跑时速肯定在20公里以上。我喘了口气停下来，不由得对两头猪的速度心生敬佩。我正在那喘息，身后传来一顿暴笑："哈哈哈哈！快看，那个胖子被猪吓跑了！"

这个小插曲过去了，我们继续往前走。很快看到一株被栅栏围起来的大树，我心中一动，这肯定有说法。这时候听到茶小二说："大家看，那棵被保护起来的茶树就是'西保四号'，贺开茶王树。"这棵树我听说过，的确声名显赫，全称是"西双版纳保护古茶树4号"。听说眼前的树这么重要，大家呼啦一下围了上去。树干其实不算太高，也就是常人身高左右，但树冠特别发达，郁郁葱葱，枝条密布。看上去这棵树还没有开始采摘，枝条末端的嫩叶历历在目，目测可以采上几大筐鲜叶。

这是我生平第一次见到云南古茶树，上上下下仔细打量了一通，树干虽然不高但是很粗，一个人肯定抱不过来。加上树冠，这棵树的高度还是可以的，差不多有两层楼得高度。这样一棵长了1400多年的大树，根系该有多发达，深入土中的深度可想而知，滋养它的土壤体积实际上极为巨大，难怪古树茶的醇厚感是台地茶无法比拟的。

如果不是学习普洱茶的缘故，茶树在我印象中全是江南坡地茶园那种小灌木的模样。我一边观赏"西保四号"古茶树，一边回忆江南茶园，感慨两种茶树的区别实在太大。茶气与体感的神奇，如此也就理解了，唯有古茶树经过几百上千年的生长，才能形成如此充沛的茶汤内涵与气息。

我们还在流连欣赏的时候，茶小二开始催促我们往前走，说前面才是真正广阔的古茶园。这句话成功激起我们的兴趣，茶友们转而向树林深处走去。一直沿着小路向前走，突然发现前面有一段路的右侧是个陡坡，陡坡底部长有一棵茶树，而树冠位置正好超出路面不多，特别适合观察枝条和树叶。我小跑几步到茶树跟前，哈哈，枝条垂下来正好到胸口，叶片恰好在眼前。我把眼前的枝条一一举起来，仔细观察末端芽叶的情况，果然有"一芽一叶""一芽两叶"和"一芽三叶"等不同情况，这下算目测了普洱茶分级的芽叶标准。又把这些古树芽叶和密集栽种茶树的芽叶比了一下，确实强壮很多，难怪滋味更足。按照书上教的办法，我又把叶片翻过来，观察叶背上的脉络走向和绒毛状态。

正看得入迷，突然发现枝条开始晃动，然后听着头上一阵悉悉索索，整个树冠都在晃动，我禁不住吓了一跳。退后一步往上看，原来是一个穿着迷彩服的采茶人正踩着手臂粗细的枝条变换身位，看来之前位置上的芽叶已经采完，需要换一个地方。采茶人发现惊到我，就冲我友好地笑了笑，算是打了个招呼，然后又继续采茶。我这才发现采古树茶是不容易

的，就抬头静静看着他一下一下地采摘鲜叶，感概台地茶完全无法比拟这个难度。

古茶树上采茶

正看得出神，突然听到不远处一声轻笑。扭头一看，原来是泉景学茶的带头大哥——神霄。只见他仍然举着手机对着我和那颗茶树，显然是偷拍了我抬头看采茶的样子。

我们几人凑成一个新小队，继续在茶园中穿行。一会儿我们又发现了几棵巨大的樟树，树高可达数十米。为把那棵树的感觉拍出来，几个喜欢摄影的茶友干脆躺在地上仰面朝天一顿猛拍。我的思绪倒是跑到了茶中的樟香上，难道真是因为茶园中这些樟树把香气传递给了茶叶？

这一片山坡的面积不小，我们转了一个多小时才大致走完。在泉景的招呼下，我们在一颗枝桠纵横的古树前聚齐。这棵树虽然树干不高但非常粗，也是一个人抱不过来，显然树龄非常之大。这棵树最明显的特点是横向生长的枝桠很多，而且特别粗壮。我忽然想起来了，这棵树就是茶友们每次来茶山都要合影的那棵树，难怪看起来眼熟。果然，这架势是又要合影了，大家开始在树下各自站位。这次来的人比较多，怎么站都不容易取景，泉景就张罗说："有没有身手比较灵活的，爬到树上找个位置，不然地面挤不下这么多人。"我对这个提议很有感觉，就大声回应说我上树。我话音刚落，就听泉普说："难怪刚才你跑得比猪快，看来胖是胖，但属于灵活型胖子。"又是一阵哄堂大笑。

贺开古茶园合影

我摇摇头跟着笑了一阵，然后学着那些采茶人的模样爬上茶树。紧接着又有几位爬了上来，我看上来的人不少，为让出空间就往侧边挪动了几个身位。可能茶友们发现爬到树上拍照比较有品位，又有几位开始往树上爬。我定睛一看，跟我体型差不多的泉普居然也上来了，再一看泉景自己也上树了。为了取得更好的角度，他们俩一直往上爬了两个身位才停下。最终，我们一行人以三层金字塔的方式完成了大合影——贺开曼弄的经典场景。

合影完毕，我们对贺开古茶园的探访算是告一段落，茶小二招呼大家回寨子吃午饭。大口呼吸清新的空气，我们漫步向茶园外走去。快到寨子的时候，旁边灌木丛中呼哧呼哧地又冲出几头冬瓜猪！不过这下我有经验

了，站在那儿饶有兴趣地看着大小黑猪们从眼前跑远……

贺开冬瓜猪

等我们赶到村长家，丰盛而富有特色的午餐已经就绪。大家在当地特色的小矮凳上坐定，我开始观察桌上的菜肴，一下发现有一盆烤猪肉。对猪肉敏感的原因倒不是我这个胖子酷爱吃猪肉，恰恰是我极不爱吃猪肉，所以每次吃饭前都会先把猪肉侦察出来好回避。有几位茶友不知道我这个习惯，还在旁边乐："坤土之木，难怪你胖，看见猪肉就挪不开眼。"

泉普了解这个情况，就在旁边说："坤土之木，我知道你不爱吃猪肉。不过这个猪肉不一样，要比常见的猪好吃很多，我觉得你可以试一下。另外，我再专门给你补充一点，这就是刚刚把你吓得乱跑的那种冬瓜猪，满山乱跑，肌肉发达。"我一听是这家伙，不由得来了劲头，那怎么也得试一下。夹了一块最小的肉咬了一口，嗯！的确比平常的猪肉香很多很多，不过由于实在对猪肉"不感冒"，尝试也就到此为止，转而品尝其他菜肴，吃了一圈我顺利找到了主攻方向，就是那道经典特色菜——古树茶叶炒鸡蛋。

# 茶山记事之二：茶界牛耳老班章

老班章，是茶山行下一站，也是我们这几位新茶友此行最关心的一站。

地图显示，老班章距离贺开曼弄的行车距离大约 15 公里，不过一路上就听泉普他们介绍说路面情况如何如何艰难，貌似开车过去并不轻松。

## 通往老班章之路

用完午餐休整了一会儿，茶小二继续招呼大家出发。到了路边，茶小二说刚刚我们乘坐的 SUV 和轿车不能往上接着开，要换成皮卡和越野车。这下让我们几个人觉得很有点探险的味道，兴冲冲换到了一辆越野车上，依旧由天线宝宝担任车手。

车开出去的头几公里，路面没什么变化，仍然是让我们不停震颤的密集石子路面，虽说蜿蜒倒也平稳。又过了一小会儿，石子路面没有了，变成了黄土路面，那种震颤的感觉一下消失了，反倒感觉很舒服。我就有点纳闷了，这种路面也可以啊，怎么能说车不好开呢？

越野车在一面山崖一面峭壁的盘山路上蜿蜒前行，突然发现前面有辆车停在那里不动。驶近一看，发现路面开始变得沟壑纵横，那辆越野车貌似陷在了一潭泥水里。我们一下神经绷紧，果然，这种沟壑纵横的路面开始让我们体验到了行车艰难。遇到纵沟，要小心沿着车辙印往前开，不然容易侧滑；更多的是横沟，让我们的车辆不停地剧烈起伏，幅度大的时候身体会被高高弹起，脑袋直接撞上车顶，我们只好紧握侧边扶手来保持身体稳定。

话说正在连续颠簸的时候，道路右侧的树木变少了，视野一下非常开阔，只见远处山峦层叠，连绵不绝，非常壮观。我欣赏了一会儿，准备跟大家分享几句。我刚把头扭过来，还没顾上说话，眼前景象差点没让我背过气去：天线宝宝居然在这种时刻只用两个胳膊肘控制着方向盘，双手举着手机对着前方拍照！

我刚准备大声喝止，马上反应过来不能吓着他，只好强忍紧张等他拍完照放好把手机，才说："天线宝宝大人，你居然这个时候还拍照？"天线宝宝憨憨一笑："不好意思，我错了。刚才看见景色太漂亮，一下没忍住就拍了一张，就一张。"

一路颠簸继续，车速根本上不来，看着没几公里的路，车走起来却是那么艰辛和漫长。难怪一路上泉普不停地给我们打预防针，说去老班章的路途比较艰难。继续颠，连续颠，撞头颠……感觉一直颠了20多分钟，我们总算驶入一个村寨，路面变得平缓起来。但看前方车队没有停下的意思，我们也跟着往前开。我瞪着眼睛不停在两边找路牌标志，终于看到两个字——班盆！原来这就是名气不小的班盆寨，这里的古树茶也很好。我一下高兴起来，因为离老班章不远了——书上说班盆到老班章两公里！

车队继续向前开，这下车里开始热闹了，我们都为即将抵达老班章而兴奋不已。阳光问："坤土之木，当年你去拉菲酒庄是不是也有这种感觉？"我接过话头："像，相当像！当时很兴奋，传说那么久的地方终于要亲眼看到了，那种心情的确让人不平静！"

车队继续向前开了一阵，一个富有民族特色高大牌楼出现在了眼前，牌匾上从右往左写有三个大字：老班章！看了一眼手机上的海拔高度：1700米。

车队停了下来，茶友们欢呼着快步走到牌楼前，上下左右观瞻了一番。之后，照例是拍照环节，茶友们按照老规矩排队照相，足足花了10分钟时间，大家才完成标志性的留影任务。站在村口往里面看，整个村寨依山势而建，旁边的山上树林密布，显然茶树也在其中。这时听到有人指着前面一个方向说，茶王树就在那个方向。

上车进村，这个村寨的建筑外观显然与之前看到的那些村寨不同，建筑水平明显上了一个大台阶，到底财大气粗。进村之后发现到处停满车辆，转了好长时间也没找到合适停车位。实在没招儿，就见茶小二走到一旁开始打电话，一通电话之后他招手让我们上车继续开。车队跟着茶小二的车掉头往村口方向开，左拐右拐进了一个宽敞的院子，空余位置正好能把我们 4 辆车停下。下车之后转了一圈，面前是一栋很漂亮的楼房，回头发现门口也立着一个牌楼，上面写着：老班章 53 号。哈哈，原来是村长家。

# 老班章新茶

茶小二从房间走出来，示意大家进门喝茶。步入大门，右手边是一个非常漂亮的茶室，中间摆着一张巨大的木茶台，可以同时容纳 15 人一起品茶。一个肤色黝黑身材壮硕的小伙子正在整理茶台，见我们进来就热情地招呼我们落座。茶小二在旁边介绍说："这位是村长家的公子，今天亲自给我们泡茶。"大家马上报以热烈掌声，感觉十分荣耀。

在小伙子认真清理茶台的时候，我们几个新茶友忍不住对路况大发感慨，小伙子适时插了一句："现在这路已经好多了，跟以前比绝对是高速公路！"

茶台整理好，小伙子取出一把毛茶放进盖碗，说："这是今年的新茶，大家尝一尝。"在茶友们热切期待的目光中，第一泡茶入杯。举起一闻，那种熟悉的班章味道立刻充满鼻腔：猛烈！霸气！

老班章经典的苦涩感是免不了的，但感觉并不是很强，而且在口腔里转化很快。这个口感跟川普的那一款很接近，毕竟是当年新茶，要清新一些。

几泡之后便是明显回甘，热感也在身上运转起来，午后应有的疲乏感烟消云散。在班章村品尝新茶，此情此景让一众茶友深感陶醉，一个个不多说话，静静享受茶汤变化。无论如何，这个场景或者机缘对于茶友来说，绝对是不可多得的宝贵经历，当然不能浪费，唯有静心品茶才是正确选择。

当茶汤从高峰开始回落的时候，我悄悄步出茶室打了个电话。来茶山之前，一个朋友给我联系了老班章的一个资深茶人，让我有机会去他那里品品茶。我就趁大家还在这里喝茶的工夫，去找那位茶人讨教。电话联系过后发现，那位茶人的住所正好离此不远，我就信步走了过去。

到了之后发现也是一户大宅院。又给他打电话，只见他从二楼探出头来向我招了招手，我就上了二楼。二楼很壮观，是一个面积很大的平台，准确说是一个玻璃晾晒平台，到处都是正在晾晒的毛茶。平台一侧是一个茶室，那位茶人正在茶台旁泡茶。我穿过那一片片的毛茶向他走去，闻到满室班章新茶的清香，感觉好极了。

我和他寒暄几句之后，他就开始给我泡茶。先取出一泡茶，口感香气也都不错，他问我茶叶如何，我笑笑没说话。他自己呵呵一笑，转身就去平台上抓了一把毛茶，重新开始泡茶。这道茶的第一泡一入口，我就被惊艳了，一方面茶气的确很足，另一方面苦涩感却不太明显。那一点点苦涩感非常快就化开了，几泡茶之后回甘越来越好，慢慢觉得茶汤有点像冰糖水。茶气引致的体感格外清晰，这绝对是我喝到过的老班章中最牛的一款。

我忍不住对这茶大加赞赏，然后就问能不能让我买一点。他静静听我说完，委婉而坚决地拒绝了我的要求，理由只有一个——这些茶早已被预订。他补充介绍说，这些茶是树龄特别大的那一批，仅次于老班章茶王树，产量有限，每年都被人提早预订一空。最后，他说为了不让我太过失望，可以送我几泡茶回去自己喝。我只好郁闷加高兴地接过那一小袋散茶，好歹不算空手而归。

回到村长家，大家正在茶室畅谈，见我走进屋他们就打趣我错过了一个重要事项。一问之下才知，原来在我出去的那一段时间，老班章村长还亲自过来打了个招呼，然后大家还纷纷跟村长合影留念了。我一听还真是有点可惜，不过刚刚喝到了仅次于茶王树的茶，也算有所补偿。

按惯例该去茶园看茶树了，茶小二和泉景他们开始讨论下一步怎么安排，最后考虑到团队里的老年人的体力，决定放弃上山看茶树。我们几个略略有些失望，不过也表示能理解，关键是真正的老班章茶品到了，也算不虚此行，茶园就留待下次探访。

**拍人拍茶树**

原路返回，驶过班盆之后又是一路颠簸，这下有心理准备倒也不意外。路上谈起了进村时经过的那个检查站——为防止有人带外面的茶进村而采取的防范措施。我们习惯性用金融套利去解释这个问题，如果不是价差悬殊过大，掉包老班章就没什么价值，但偏偏价差巨大，套利空间极具诱惑。老班章与贺开的距离不过十几公里，但茶叶的价格也是十几倍，古树茶之间的价差实在太大。如果老班章真被台地茶掉包了，不懂行的人可能察觉不到，那掉包者的收益可就太大了。

在诸多感慨中，车队回到了贺开曼弄。我们这一拨人换回了之前的车，向村长道别后继续返程。将近一小时后车队回到勐海县城，在吃货们的热情张罗下，我们奔向特色烧烤大餐……

## 茶山记事之三：景迈山上古茶园

茶山行第三站是景迈山，同样是此行的重头戏。

景迈山是新六大茶山之一，一向因为著名的"千年万亩古茶林"为人

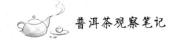

所熟知。由于山上有两个著名的大寨——景迈大寨和芒景大寨，景迈山原名景迈芒景山，后来才简化为景迈山。

　　千年万亩古茶林无疑是历史留给普洱茶的巨大遗产，其价值之重大无论怎么说都不过分，正因如此，几年前当地启动了将景迈山古茶林申报为世界遗产（以下简称申遗）的努力。据资料显示，景迈山古茶林遗产申报区在普洱市澜沧县惠民镇区划内，古茶林面积大约 2.8 万亩，拥有古茶树约 320 万株，其中连片采摘面积达 1.6 万亩，是世界上少见的人工栽培型古茶林，因而被誉为茶文化发源地之一。布朗族、傣族民众世代居住于此。自申遗启动以来，景迈山因"千年万亩古茶林"更加声名鹊起，大有赶超其他茶山之势。对于骨灰级茶友来说，到了云南，景迈山当然不可不到。

　　除此之外，景迈山对茶友的吸引力还来自一个文化元素——茶祖节。虽说如今布朗山是布朗族人居住最多的地方，但千余年前他们的领袖叭岩冷却是率领部落在芒景一带定居种茶的。后来，布朗族留下了一个关于茶叶的悠久传说，叭岩冷临终前嘱咐部落族民："到我死后，留下金银终有会用完之时，留牛马牲畜，也终有死亡时，留下这宝石和茶叶给你们，可保布朗人后代有吃有穿。"千百年来，布朗族人尊称叭岩冷为茶祖，每年都要到芒景上寨后山——叭岩冷居住的遗址祭拜。如今，这一传统已经演化为著名的茶祖节，是景迈山每年一度的盛事，而举办茶祖节的地点——茶魂台，更成为茶友心中的神圣之所。

# 布朗公主茶厂

　　依旧早上 9 点，我们一众茶友告别勐海，车队沿 214 国道驶向澜沧拉祜族自治县。

　　在蜿蜒国道上行驶了两个多小时，车队从惠民转上登山道路，依旧是经典的石子路面。穿过大气磅礴的景迈山门不久，我们在一个木质观景台前下了车，大家逐级登上观景台。登高望远，一览众山小的感觉油然而生，禁不住放声长啸，直抒胸臆！望着不远处的茂密森林，有人大声问道："往那边看！是不是万亩古茶林？"茶小二哈哈大笑："那可不是茶树，古茶林还在上面，远着啦。"

上车继续前行，到了中午时分，泉普轻车熟路地领着我们到了一处特色餐馆，享受了一顿美味午餐。我们在这里略作休整，之后驱车前往景迈山第一个目的地——布朗公主茶厂。

布朗公主这个名字的由来应该与公主家的身世有关，公主家的祖辈曾是当地布朗族中的"贵族"，后来人们渐渐知道了这段历史，就特别喜欢叫她"公主"，时间长了，"公主"的名号就约定俗成地形成了。当然，这应该跟布朗族传统上的一个情结有关，茶祖夫人——傣王七公主与茶的渊源特别深，对布朗族制茶的帮助很大，所以布朗族一直有种"公主茶"情结。

车队在茶厂门口的道路上停下，茶友们步行进入厂区。公主此时正在指挥工人把鲜叶铺在地上进行萎凋，见到我们之后就热情地邀请我们去二楼品茶。我们在晒场上转了一圈，抓起茶来闻了闻，茶叶香气也很清新，但明显要柔和一些。茶小二从茶叶中找出了一片叶面较大而且微微泛黄的叶子，举起来对我说："看，这就是黄片，毛茶做好以后要一根一根专门挑出来。"我接过来仔细看了看，的确是芽叶中比较老一点的叶子。这种叶子压成的黄片茶，可是个好东西，口感会更甜，而且保健效果也更强。

步入二楼，发现整层都是木结构，具有明显的民族特色。布局舒展的各式木质家具，几个不同风格的木茶台散布其间。临窗那张最大的茶台吸引了我的目光，它是由一整块木料加工制成，向我们传递着悠久和厚重。

公主此时已在茶台后面坐定，正在煮水准备泡茶。老人家和几位略感疲劳的茶友选择休息，泉景轻车熟路地领着他们去了旁边的屋子，据说那里有一张巨榻。我们几位骨灰级茶友则围着茶台坐下，准备品品景迈山的春茶。景迈山的茶以前喝的不算多，我也非常兴致体验一下新茶滋味。

刚刚在晒场上已经发现，这里的茶叶叶片貌似要小一些，不知道是不是书上说的中小叶种。很快，第一泡茶汤来了，我举起一闻，果然比较清雅清香。茶汤入喉，苦味不太明显，稍稍有些涩味，而茶气明显柔和许多。单就茶气来说，这款茶别说跟老班章比了，就是跟贺开比也显得柔和不少。第二泡，茶气一如既往的柔和，涩味则散去了不少，香气很好，回甘出现。第三泡，苦涩感基本消失，已经可以明显感受到回甘。从第四泡开始，这款茶一直呈现持续的甘甜，口感非常舒服。景迈山普洱茶的特点在这款茶上表现得淋漓尽致：苦弱、涩重、回甘好且持久。

之前一直喝的是布朗山系的茶，口感体感都比较霸气猛烈。今天一喝景迈山的茶，茶气柔和滋味甘甜，顿觉口齿一新。这两种茶的确风格迥异，一个硬朗，一个柔美，很像波尔多左右岸葡萄酒的感觉。再细想一下，喝茶也不能总喝硬朗型的，搭配着柔美风格的茶，互补性强，平衡感也好。布朗山普洱和景迈山普洱，两者相得益彰！

我们这边一群品饮完毕，那边一群也休息好了。大家重新汇聚在一起，出门上车，驱车前往下一个目的地：布朗公主客栈。

景迈山春茶

# 布朗公主客栈

出发不久，茶小二说从现在开始的茶园就属于"千年万亩古茶林"了，我们透过车窗往外看去，不时看到骑摩托车的茶农从旁驶过，而在路边摩托车集中停靠的地方，往往就是茶园。一路上不时看到摩托车会聚的景象，万亩的说法看来名不虚传。

20分钟后，我们到达布朗公主客栈。名副其实，布朗公主客栈也是公主家的产业，算是布朗公主茶厂的姊妹企业，专门向茶山游客提供住宿服务。客栈是一座依山而建的二层木楼，大约20多间客房，公主一家也居住于此。入住之后，我们在楼上楼下转了一圈，四处遍布且造型不一的各式茶台给我们留下了深刻印象，不管坐在哪张茶台上，放眼望去都是远山。

有个小插曲，我们上山之前就得到通知说客栈抽水机坏了，这两天可以保证饮用水但是其他项目就……茶友中有几位有洁癖倾向，听说客栈没水差点直接崩溃，最后好说歹说才同意上来试试，不行就去山脚下的大酒店入住。结果大家围着茶台一坐，看着连绵远山，再把透着清香的茶杯一举，此时只有心旷神怡。几道茶喝完，洁癖们下山住的想法居然没了！

晚餐后大家继续品茶，重点讨论第二天去茶魂台的行程组合。由于第二天预留的时间很宽裕，早起群体如院长等提议早去，最好是在日出前登到山顶；晚睡组合如我和阳光等则倾向于早餐后再去，当然还有人表示无所谓。最后决定自由组合，随意出发。休息之前，院长又鼓动大家早起，说他会教明早跟他一起上山的茶友几招健身功法，这个提议博得不少掌声，我也有些蠢蠢欲动。

## 茶魂台

早晨7点半，我在近在咫尺的鸡鸣声中醒来，这是儿时才有的记忆，觉得非常亲切。又努力躺了一会儿，居然没找到回笼觉的感觉，可能心底还是被攀登茶魂台的兴奋之情牵动了。

起床！

时间将近8点，早不早晚不晚，担心登山途中会饿，就决定先去觅食。跑到厨房转了一圈，发现有我酷爱的米线，毫不犹豫点了两碗。在大快朵颐的当口问了一下其他人的情况，说第一批茶友6点钟就出发了，7点前后又出发了几组，应该还有几位没起床。我赶紧扒拉完米线，从厨房直接

走出客栈，看看能不能赶在他们下山前碰个头。

从客栈去茶魂台的路就是那条紧贴客栈后侧的蜿蜒小路。昨天茶小二介绍说上山的路程不长，走得慢大约需要40分钟左右。我很久没有登过山了，考虑到我的体型与体力的比例相差较大，就慢慢溜达着往上走。沿着小路很快步入林中，草木清香扑面而来，不时能看到散布在林中的大小茶树，果然是千年万亩古茶林，这个山头应该是茶祖最早种茶的地方，显得格外神圣。

正在缓步攀登的时候，前方小路拐角处闪现出一个长裙飘飘的身影，正是茶友中喜好传统茶服的茶言姐姐，她此时在缓步下山。我心中登时大感佩服，人家这都下山了！

我向她拱拱手："茶言姐姐，起得真早，这就下山了啊？"

没想到一向端庄大气的茶言姐姐突然有点不好意思的样子，迟疑了一会儿没做声，然后问我："坤土之木，你这是要去茶魂台吗？"

我不好意思地点点头："是啊，就是起得晚，发现你们早就出发了。"

茶言突然笑了："我刚刚跟着他们上山，慢慢走散了。后来我看路上没什么人，一个人不太敢往上走，这才下来。要不你走慢点，我们一起去茶魂台？"

我登时乐了："没问题！放心，就我这体型也走不快。"

茶言姐姐于是调转回头，与我一起继续往茶魂台走去。我们继续向上走了一截羊肠山路，前面的路面变得宽阔平缓，路两侧的茶树密度加大了，虽然此时不过8点时分，但茶树上不时可见在小心翼翼采茶的采茶人。我们驻足与一位采茶人攀谈了一会儿，得知她并非当地人，只是采茶忙季来帮工。看来茶山经济出现了周边辐射效应，这让我们感到很高兴。

如此经过几次羊肠小路和平缓路面的交替，我们逐渐进入密林。穿过了一个简洁的木牌楼，感觉离茶魂台很近了。此时四周都是高大粗壮的树木，地面草木繁盛，落叶层层叠叠，除了鸟鸣，四周一片静谧，我们貌似走进了原始森林。

又过了一会儿，路面渐渐趋于平缓，我们应该是走到山峰的峰顶区域。四周打量了一下，峰顶面积很大而且看上去很平，沿着山路不断走向深处，不经意间一座庄严肃穆的木质平台出现在视野中，直觉告诉我，那是茶魂台。慢慢走近,这个平台正是一个典型的用于祭祀的平台,正是茶魂台无疑!

此时茶魂台周边并无人影,我很好奇先上来的茶友们去哪里了,就给泉景打了个电话。一问才知,他们沿着另一条路下山了,此时已经离公主客栈不远,说一会儿在客栈等我们下去喝茶。

我和茶言便收回思绪,认真端详茶魂台。从地面到台上共有6级台阶,台阶两侧各有一排如毛笔状的立柱,而在平台正中则矗立着一根更为高大的立柱,中间立柱最大的不同是在头肩部位还有一根横向的云状雕刻,远处看去有点一芽两叶的感觉。平台面积不算小,差不多能容纳数10人同时站立。再过不到一个月,又将是茶祖节,布朗族人将从各地赶到这里,祭拜他们心中的茶祖——叭岩冷。

作为一个普洱茶深度爱好者,此时此刻我也禁不住在心中生出崇敬之感。茶祖是普洱茶的发现者和传播者,虽然说茶祖到底是谁有不同说法,但叭岩冷是景迈山布朗族当之无愧的茶祖。此时太阳已经升起很高,阳光透过密密枝叶洒落在茶魂台上,更添一层不凡气质。

在茶魂台下,我静静驻立,心中默默感谢茶祖对后人的馈赠,一时之间,心中安宁祥和。心中突然一动,难怪院长他们非要早点上来,这里的气场果然不同,如果第一缕阳光撒入林中的时候已经站在这里,一定会有更多的感悟。而茶言姐姐则干脆席地盘坐,在那里感受林中静谧。

在这静静矗立中回顾茶山行的点点滴滴,此前几天是用身体去体验茶汤、茶味和茶气,而今天则是用心灵去感受茶树、茶林和茶山,让我与普洱茶再也无法割舍。


# 翁基与班改


前面介绍过,景迈山有两个大寨:景迈大寨和芒景大寨,这两个大寨各由若干小寨构成。其中景迈大寨包括班改、笼蚌、南座、勐本、芒埂、糯干等寨子;芒景大寨则包括芒景上寨、芒景下寨、芒洪、翁哇、翁基、

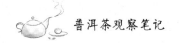

那耐等寨子。在这一众山寨之中，就有那么几个千年古寨，历经岁月变迁仍将村寨的历史风貌保存了下来。

翁基古寨

古寨，对于在现代城市呆久了的人们充满吸引力，茶友们上山前就纷纷提议就近找个古寨参访一番。说来也巧，我们入住的布朗公主客栈位于芒景上寨，距离布朗族翁基古寨居然不到两公里，而这个古寨正是风貌保存最为完好的寨子之一。从芒景上寨到翁基有不错的山间公路通达，茶友们便选定翁基古寨前去参访。

等大家陆续瞻仰完茶魂台回到客栈，茶友们便集体登车前往翁基古寨观光。10分钟不到，翁基便到了。路边村头处是一座古寺，无疑是布朗族宗教情怀的明证，我们轻轻步入其中略作探访，领略了一份安静和从容。

步出古寺，旁边一颗巨大的古柏吸引了我们的目光，这很可能是我见过的最粗的树之一，貌似七八个人才能合抱过来，树高目测有二三十米的样子。我们绕着古柏绕行了一周，听介绍说这棵树的年龄已经超过2000年，树干最粗处绕一周居然长达11米，叹为观止！

穿过公路，我们踩着石板路步入翁基古寨。这个千年布朗古寨，据说只有80户人家380人，其中布朗族将近300人。布朗族是云南最早种茶的民族之一，更是被称为以茶为生的民族，他们在曾经居住过的地方种下大量茶树，在后世演变成古茶园。走在古寨光洁平整的石板路上，看着那些富有历史气息的干栏瓦房，宁静而古朴，真有种世外桃源的感觉。站在路上放眼望去，只见家家户户门前屋内摆着各式茶叶，既有散茶，也有茶饼，还有茶砖。这些几乎被茶叶包围的古老木楼，无疑在向我们印证布朗族深厚的茶叶传统。

寨子不大，我们没用半个小时就转了个大概，继续从村尾走到村头，在停车场旁有个规模不大的集市。我们信步走过去，摊位上琳琅满目都是普洱茶和土特产。正在闲逛的时候，我的目光被突然出现的三个字吸引了——螃蟹脚。螃蟹脚，顾名思义，一种长得很像螃蟹腿脚的东西。其实说起它的专业名称大家可能不陌生——扁枝槲寄生，是一种寄生在大树上的灌木，有很好的药用价值。据考证，螃蟹脚性寒微酸，具有清解毒、健胃消食、降压降脂等功效，常饮可有助预防血管硬化，还可与普洱茶同用，功效更多。虽然螃蟹脚在很多省份都有出产，但云南古茶树上的螃蟹脚，富于茶香，属于上佳品种。具体到云南诸多茶区，茶界则公认景迈山古茶林是螃蟹脚质量最好的地方。翁基古寨地处"千年万亩古茶林"的核心地带，这里的螃蟹脚无疑是上上之品，之前只注意茶了，居然把这个宝贝给忘了。想到这里，我就把茶小二拉过一旁，嘱托他想办法收一些好品质的螃蟹脚。

景迈捕鱼

　　用过午餐，车队从另一条路驶向山下，我们将去体验一个早已预定的休闲项目——捕鱼烧烤。在古茶林中的蜿蜒山路上转了半个多小时，车队停在了一处山谷中的平地，海拔高度明显下降。我们沿着一条溪流继续徒步向前，很快看到一个足球场大小的人工鱼塘，一个黝黑壮实的汉子正在给鱼塘放水，此时水深已经不足一米。岸边是一位妈妈带着两个小女孩在准备炭火和烤鱼架，看上去已经接近就绪。我们试着跟她们聊几句，结果那位妈妈只是憨厚地笑，并一直摇手表示不太听得懂普通话，我们只好放弃。茶小二见状解释说，这是布朗公主帮我们安排的，这一户人家是景迈大寨的，平时在布朗公主茶厂工作。又等了一会儿，鱼塘中的水深降到了膝盖左右，只见那个汉子背着鱼篓手持渔网下塘了。这时耳边传来一阵喝彩声，扭头一看泉普正在脱衣服，貌似也要下水？果不其然，泉普手脚麻利地把外衣脱了，以短裤T恤的装束背起了鱼篓，拿起渔网。在众人的热烈掌声中，泉普也学着那个汉子的样子下塘了！

　　两人在鱼塘里奋战了半个多小时，捕上来十几条大鱼，大家一起动手帮忙把鱼放到烤架上。不一会儿，沾着酱料的鱼肉飘出阵阵香气，吃货们欢呼着冲上去把鱼分了，就着备好的糯米团大嚼起来。

　　这一家人渐渐和我们熟悉起来。大一点的女孩会说普通话，这时候也开始跟我们聊上了。从攀谈中得知，她今年刚刚13岁，正在山下一个学校读书，他们家住在班改寨。后来不知怎么聊起了普洱茶，小姑娘说她们家里也产茶，希望以后有机会让我们尝尝。

　　当时谁也没有想到，正是由于这个小小的机缘，为我们后来在景迈山发现一款好茶埋下了伏笔！

# 再向茶山觅新茶

初次茶山之行，深入走访了传说中的老班章等名山大寨，让我得以零距离感受普洱茶，绝对是学茶路上的重要一站。不过名山古寨众多，一次茶山行所能探访的十不足一，于是在时隔两年之后，我又一次参加了云南春季茶山行。勐混这次终于成行，跟勐混一样也是首次上茶山的还有好几位：大力水手、生姜、闹闹和老鹰。一位常年在茶山收茶的云南茶人——老兵，也专程赶过来跟我们一同走访茶山。

赏茶

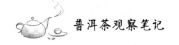

# 茶山记事之四：失之交臂困鹿山

茶友团这次改在普洱市会合，然后直取第一个目的地：困鹿山。我和老鹰因工作调整不开晚了一天出发，堪堪错过第一天的困鹿山之行，让我大感惋惜。

早在3月初的时候，茶山行的日程就已经确定了，首站到访困鹿山让大家非常兴奋。困鹿山虽然不在六大茶山之列，但是却有不低于六大茶山的独特魅力——皇家茶园所在地。困鹿山在清代前期被指定为皇家古茶园，民间人士不得入山采茶，困鹿山普洱茶就不为民众所熟悉，最后知名度反而不如其他茶山。换句话说，困鹿山等于被雪藏了数百年。在我的概念里，既然能够在那么多茶山中被选为皇家古茶园，茶叶品质会差吗？

困鹿山南北走向，是著名的云南无量山余脉，海拔高度大约在1400米到2300米之间，最高峰海拔2271米。与景迈山相似，困鹿山也有一片被称为"千年万亩古茶林"的茶园，根据相关资料：困鹿山古茶园总面积有10122亩，其中宁洱镇宽宏村的困鹿山境内有1939亩，属半栽培型茶树群落与阔叶林混生形成的原始森林。困鹿山三号茶树，胸径2.53米，树高25米左右，是目前发现的最大栽培型古茶树。

另据专家考证，困鹿山皇家古茶园是在清代雍正年间被指定为皇家茶园，距今已有200多年历史。古茶园中每年采选的顶级春芽女儿茶，由位于宁洱镇的贡茶茶厂加工制成团条砖和茶膏，专门进献北京。估计是因为普洱茶的饮用效果格外适合满族上层人士的饮食习惯，所以这些茶运到北京后受到极大追捧，有记载说："普洱茶名遍天下，味最酽，京师尤重之。"

既然普洱茶如此受重视，对皇家古茶园的管理自然更为严谨。据说每年春茶采摘季节，官府会派军队上山看守茶园，并全程监管采茶和制茶，制成的新茶随即全部运走。受到如此严格保护的皇家古茶园与民间完全隔绝，就慢慢淡出了大众视野，古茶园就此蒙上神秘面纱。直到 2007 年普洱茶热潮的时候，困鹿山才重新为人所发掘，随即因为皇家古茶园的履历成为茶山中的新宠。

我和老鹰在机场等候和转机的时段，茶友们便不停地在茶友群里发照片，让我们艳羡不已。虽然各人拍照的角度不一，内容各异，但是在海量照片中很快能发现困鹿山茶树的两个典型特征：粗和高。

有一张照片中茶树的树干直径估计足足有两米，一个成人站在旁边就是一棵小树苗的感觉。上次的茶山行看了很多古茶树，但没有一棵能与照片中的那棵树相比，视角效果相当震撼。

再从高度看，也远比上次茶山行见到的茶树高许多，印象中上次的茶树多半是两层楼左右的高度，而困鹿山茶树的高度远远超过这个水平。这的确印证了专家考证的观点，皇家古茶园尽量保留了茶树的原貌，没有人工干预茶树生长，这里的茶树更加符合原生态。那困鹿山的茶叶岂不是更加令人期待！

海量照片看了一通，发现大力水手的行头最为突出，绝对是资深驴友的架势。大力水手向来以一本正经搞怪著称，这一行有他的加入，估计会有趣不少，就等着会合之后看效果。

晚上 8 点多降落昆明机场转机，快 10 点时终于抵达普洱机场。一下飞机就接到了阳光的电话，感觉他非常兴奋，滔滔不绝地跟我说："坤土之木，你今天没跟我们去困鹿山太可惜了，那里的茶园跟我们之前看的大不相同，特别原生态。茶树看起来非常有冲击力，你一定要找个机会来补上这一课。"

我关心茶汤的表现："那喝起来感觉怎么样？是不是也很好？"

这下阳光的声调更高："好！非常好！我特别喜欢，入口很快就甜，香气也好，感觉比很多茶好喝，甚至不次于冰岛。茶气也足的很，你肯定会喜欢！困鹿山的茶很有特点，识别度很高，喝一次就能记住！"

我这下更郁闷了："我猜也是，看了你们照片上拍的茶树，我就想这么好的树出的茶肯定也好。再说了，当年能够选这里作为皇家茶园，肯定品质不会差。如果常年只是采春茶的话，肯定要比几百年来每年采三季的古树出的茶要好。这次真可惜了，下次得找个机会专门来！"

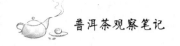

阳光宽慰我："机会多，这次错过就算是下次来茶山的理由！明天我们去老曼峨，肯定也是值得期待的！"

对啊，明天要去老曼峨品茶，这也是一个让我牵挂许久的超级名寨啊！我的心情一下又好了起来！

## 茶山记事之五：苦茶甜茶老曼峨

老曼峨，十大名寨普洱茶之一，一个令我期盼已久的名字。

老曼峨出产的普洱茶口感独特，以茶汤入口极苦而闻名于世。当然，茶汤的苦味只表现在最初几泡，之后茶汤会很快转甜。"先苦后甜"，茶汤的这种起伏变化被很多茶客视为人生的一种意境，所以老曼峨苦茶极受欢迎。

老曼峨寨地处布朗山古茶山核心区，也属于班章村委会，是著名的班章五寨之一。老曼峨距离新班章 5 公里左右，海拔 1650 米，略低于老班章，年平均气温 18°—21℃。寨名"老曼峨"已有 1700 多年的历史，是整个布朗山最古老、最大的布朗族村寨，目前仍保持着面积超过 3000 亩的古茶园。

探访老曼峨，是此次茶山行的重头戏之一。

## 再访老班章

依旧是早晨 9 点，大家在停车场集合准备出发。由于我和老鹰是中途加入，乘车组合需要调整一下，我就一辆车一辆车看司机都是谁。因为上次老班章之行的"惊魂"一刻，这次我要挑一个稳健型车手。四辆车的情况考察完，我欣然走向勐混的那辆车。

我跟勐混打了个招呼："勐混兄，我和老鹰坐你的车吧，你开车稳重，

116

心里踏实。"

勐混依旧不紧不慢："荣幸，荣幸，能为坤土之木担任操盘手。"

这一天的行程较远。我们首先要一路高速到西双版纳州府——景洪，再从景洪转道勐海，再从勐海经贺开曼弄抵达老班章，再之后才是今日行程的核心目的地——老曼峨。

一路无话，车队在中午时分抵达了贺开曼弄寨，我们又在热情的村长家用了午饭。品完新茶，陪同新茶友们在古茶园转了一圈，我们随即上车出发前往老班章。而这一次，我们并没有换车就直接出发了。

贺开西保四号

车一驶出曼弄，我回头问阳光："阳光兄，听说到老班章的路面已经修好了？"

阳光："是的，路面已经修了，跟之前比算是高速了。"

我扭头对勐混说："勐混，你运气不错，第一次来就赶上高速路面了。"

勐混倒是感慨了一下："总听你们说去老班章的路如何如何难走，好不容易来了，路又修好了，还是没办法体验到你们那种心情。听说上次天

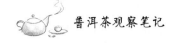

线宝宝开车，把你吓得够呛？"

我又想起上次那惊魂一刻，感慨了一句："是啊，要不这次上车前我把操盘手都看了一遍，专门挑你开的车！你开车，我放心！"

说话间，车队已经驶上了之前沟壑纵横的那段盘山路，果然路况大为改善，曾经的全泥路面已经由石子填实压平，达到了其他山路的路面水平。行车速度大为提高，乘坐的舒适度更是明显改善。

不到半小时，老班章的牌楼就出现在眼前，车队靠近停下，在这个标志性位置当然要驻足观摩一下。下车后习惯性看了看天，居然阴云密布，心里小紧张了一下，千万不要下雨。这时再看初次上茶山的那几位兴奋不已，就跟我们初次来到老班章一样，在村口的牌楼前一顿美拍，记录这个重要时刻。其他人则俨然一副过来人的样子，站在旁边踱步，偶尔也跟着合拍一张。

照例又到了村长家的场院，照例又走进了那个气势不凡的茶室，照例开始品尝当年的头春新茶。这次没有麻烦村长他们，是茶小二给我们泡茶。我们围着大茶台一圈坐好，我正好和书法大家道子先生相邻。来茶山之前，我就听说道子先生这次也将加入茶山行，我就暗自琢磨着什么时候向道子先生求一幅墨宝。

很快，新茶的茶汤入杯，熟悉的老班章气息涌入鼻腔，不少人闻过茶香后开始闭目感受。我轻轻啜了一口，那种强劲的气息一下子让我精神一振，老班章的霸气的确无茶能出其右。不一会儿，苦涩气息下去了，回甘让喉头的感觉非常舒服，这种猛烈地起伏变化的确是好茶才能带来的体验。

一边品味老班章的口感变化，一边憧憬着去茶园参拜老班章茶王树。正在想得入迷的时候，院外传来了下雨的声音，我心里咯噔一声，这雨别下太久啊。茶小二见状走出茶室探茶情况，喝茶的茶友们也安静下来看着窗外，显然都担心起来。我们只好在一道一道茶中等待雨歇。可惜事与愿违，雨越下越大！茶小二和川普在旁边开始商量怎么办，我几乎可以断定，这次的老班章茶王树之行估计又得泡汤！

**老班章合影**

又过了一会儿，雨势依旧，等待雨停似乎可能性不大了。果然，茶小二走进来宣布，考虑到等会儿还要去老曼峨，之后还得返回勐海县城，时间比较紧张，就不能在这里继续等雨停了。大家也都表示理解，在纷纷表达了一通惋惜之后出门上车。

我上车之后跟阳光说："阳光老兄，看来我跟老班章的缘分比较特别，来了两次都没见到茶王树。莫非要让我三顾茅庐？"

阳光："那还不好，三顾茅庐找到的才是真爱，好事多磨，估计你以后跟老班章没准能有点什么故事。"

勐混显然心情不错，慢悠悠地来了一句："我觉得已经很好了！虽然没看到茶王树，但毕竟到了老班章村，还在村长家里喝了茶。我的江湖地位可算是有了，以后也可以跟别人吹嘘一下，咱也是拜过山头的人。"

我接了一句："这倒是对，没来过茶山，没到过老班章，肯定不好意思说自己是骨灰级茶友！你这个重大基础已经具备了，接下来再把喝茶水平提升一个台阶，绝对能称上茶中高手。"

勐混谦虚了一下："不敢不敢，在诸位前辈面前，我哪里说得上。回去我要跟你们多喝几次茶，把喝生茶的境界也提一提，千万要带上我！"

我扭头对老兵说："老兵，这车上你可是绝对的生茶达人，这方面我们都要向你多多请教才是。对了，你上次说的那个坝卡囡，找机会我得

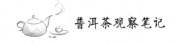

尝尝。"

老兵:"客气了,欢迎有机会到我那里喝茶,你来我一定好茶相待,坝卡囡等你去喝。"

老鹰突然插了一句:"坝卡囡是什么东东,哪里的茶?"

老兵刚要解释,我赶紧拦住话头:"那不能这么直接就告诉你,直接告诉你你印象不深。你得想办法打动我们告诉你答案才行。"

老鹰翻了翻白眼,扭头不说话了。勐混本来也想问的,一看这架势,嘴巴张了张又合上了。

我哈哈笑着:"莫着急,等什么时候真喝到坝卡囡,再跟你们说说其中的典故。"说完我扭头看了一眼阳光,阳光也会意地笑了笑。

老兵这时也恍然大悟了:"啊,我明白了,说得有道理啊。那就等喝过再说吧。"

## 初探老曼峨

驶出老班章不远,就是那个经典的名寨丁字路口,这次车队选择了与返回贺开曼弄相反的方向,去往老曼峨。

老曼峨距离老班章的距离很近,说起来不到10公里,不过由于是蜿蜒的两车道山路,开起来还是很费时间。大约半小时后,我们看到了一片村寨建筑,老曼峨到了。

茶小二联络的茶农家我们都没去过,加上对老曼峨的路况也不熟悉,头车上的茶小二一边打电话一边指挥行进,我们就跟在后面慢慢开。不知道是地图指示不对还是语言表达不准,车队总是躲开大路往小巷里钻,在寨子里面绕来绕去,貌似把寨子走了个遍也没到目的地。我们这辆大越野在小巷里显得格外巨大,勐混一声不吭地小心开车,时不时需要龟速调整方向,车的观后镜往往就离墙面不过几公分,看得我都要冒汗了。

虽说车队行进不易,却给我们创造了近距离大范围观察寨子的机会。我们坐在车上足足看了快半个小时,眼光扫到的估计有上百户人家,给我们最大的印象是——家家炒茶！每一家的场院里都竖着一排排炒茶锅，多则五六口，少则两三口，黝黑结实的村民站在炒锅前用手翻炒茶叶，这种密集炒茶景象是之前那些村寨所没有的。

终于，车队从窄巷中驶出了，远远看见一个人手持电话向我们招手，我顿时舒了一口气——接上头了。几分钟后，我们在一个较为宽阔的巷子里停下车，向茶小二手指的一户人家走去。勐混下车了，我想起刚才开车的那段"折磨"，就上去拍拍他的肩，以示慰问。

我们步入小院，发现院子虽然不大，功能却很齐备，左手边是品茶区，右手边是炒茶区，一排炒锅正热火朝天，二楼则用于茶叶萎凋和晾晒。我上下打量一番，决定先上二楼去看鲜叶。走上二楼，一股茶叶清香扑面而来，感觉好极了。对于茶叶怎么看，我不太懂，只能有样学样地跟着其他人看大小、看叶脉。但是闻香这一项我特别喜欢，而且能闻出一些感觉，老曼峨的茶叶闻起来气息厚重不少，不知道这是不是看书后的心理暗示。

赏茶

闻了一会，我就循着一楼炒茶锅那里传来的欢笑声下楼去看发生了什么。原来茶小二和老兵等人正跟炒茶的几位茶农交流杀青后的揉捻技巧，讨论怎么揉捻会更有助于茶质提升。我在旁边看了一会儿，也没看出里面的门道，只好装模做样地点头不语。

我对这个环节兴趣不高，大体看了加工过程，也就觉得可以了。对于我来说，品尝新茶才是兴奋点，我就往品茶区走去。

到了茶台区一看，已经围坐了不少人，找3个空墩子赶紧抢坐下来。抬头看时，坐在泡茶位上的居然是川普。川普一边整理茶具一边问："咱们喝苦底茶还是喝甜底茶？"

茶台边上坐着的这几位可能对老曼峨的两种茶不太熟，相互看看都没说话。我琢磨了一下，既然老曼峨是以苦茶著称，难得来一次肯定得把特色尝到，见大家还不作声就说："我建议喝苦底茶。"果然无人反对，川普就从旁边茶农那里取了一包苦底茶。

很快第一泡出汤了，我闻了闻，香气很清晰，一口喝了，然后开始观察大家的反应。果然，马上看见有人猛一皱眉，有的嘴巴猛然一紧，还有人干脆发出一声异样的"嗯嗯"。我和川普乐得不行，看来这些人对老曼峨苦茶的威力缺少心理准备。

又喝了几泡，苦底开始褪去，回甘出现了。由于刚开始的苦涩感太强烈，出现回甘的幸福感显得格外强烈，大家的眉头明显舒展开，脸上露出一副难以置信的表情。我和川普交流了一下感受，觉得有机会得再尝尝甜底茶，苦茶和甜茶比较着喝，那就更有意思。时间关系，我们只能这么简单地品尝一会儿，因为后面还一个关键环节。

此行老曼峨，除了品尝新茶，去观赏老曼峨茶王树是不可或缺的内容。一部分体力不错的茶友，在茶农的引导下向山上走去。出发时说不太远，但没想到一路全是上山，而且有的地方斜度很大。老曼峨村的海拔在1600米左右，茶王树的海拔显然要高很多。

走了20多分钟，茶农指示说茶王树就在不远处，我已经累得气喘如牛，心脏怦怦直跳，并且觉得心跳幅度罕见。老鹰背着个大相机稳稳地走着，歪头看我的模样，来了一句："是不是有人觉得心脏都快跳出来了？"可怜我还嘴的劲头都没有，只能低头继续往上走。

终于到了茶王树下,各种拍照那是例行公事。我在路边转了一会,觉得这棵树不是那么伟岸啊,跟贺开的那棵树比起来要苗条不少。川普隔着低矮的栅栏,伸手采了一片叶子下来,端详一番塞进嘴里嚼了起来。然后一边嚼一边冲我说:"你也来一片感受感受?"我想了想那种强烈的苦涩感,不敢尝试咀嚼鲜叶的威力,摇摇头躲在一旁。

天色已经暗下来,我们抓紧下山回到茶农家里。留守的茶友已经翘首以待好久,见我们回来一阵欢呼。我们也不停留,匆匆向茶农道谢告别后,赶紧上车返程。

上车后大家用对讲机讨论了一下路线,怎么开都得将近两个小时才能返回勐海,那就干脆走一条新路。天色黑了下来,我们的车队在海波一千七八百米的布朗山上蜿蜒前行,车队灯光把山间的幽暗映衬得格外显著。

终于回到勐海,晚上 9 点钟时我们才找到一处大排档,赶紧落座点了一堆美食准备大快朵颐。在等菜上桌的时候,不知怎么就创意出了一个经典节目,由生姜和大力水手一起演出《沙家浜》!生姜和大力水手的《沙家浜》虽然屡试屡败,但不服输的精神赢得了一致赞誉。

在离开勐海前的休整期间,我们在城里转悠的时候发现了一个古戏台。大家一下兴奋了,导致生姜和大力水手演出失败的理由——场地、气氛什么的托词都不能讲了。于是在一致而强烈的呼声中,生姜和大力水手勉为其难地走上戏台。准确地说,大力水手很洒脱,一早就上台等候,然后对生姜各种鼓励,生姜最终被大家连轰带哄地弄到了台上。大力水手的舞台表现力很好,长得又比较有基础,演起大反派那是相当胜任,演出终于取得成功。

## 茶山记事之六:山南水北赏班改

在勐海短暂休整之后,车队再次踏上征程。虽然川普、老鹰和大力水手等几位提前离开,但是又加入了几位新的成员,茶友团的总人数反而增加了。这一次,我们的目的地仍然是景迈山。

在对讲机里的各种调侃中，半天时间不知不觉过去了，我们再次抵达景迈万亩古茶园。

此次景迈之行的重点是探访著名的班改大寨，而缘起则是两年前那次捕鱼烧烤。上次的烤鱼让我们充分感受到当地民众的淳朴与热情，临行前茶友坚持付了餐费，让那一家人十分意外。等我们离开后，那户人家又专门给茶小二寄了一包茶，说是他们家自产的，让我们尝尝。就这样，茶友们和班改那户人家建立了联系。

茶寄到北京之后，最开始大家都没注意。后来等各种著名新茶都试过以后，才想到试喝一下班改寄来的这包茶。没想到一喝之下，居然是出乎意料的好茶，甚至可以说比之前喝过的景迈山茶都要好。这个情况很快在我们这个小圈子里传开，大家都说要去班改寨看看。

本来我此行的计划是跟川普他们一样，完成了勐海的行程就准备返程。结果被泉景、阳光和茶小二各种诱惑和蛊惑之后，才将信将疑地决定再上一次景迈山。

## 道子老师创作日

抵达景迈山的第一天很轻松，第一次到访的几位兴致勃勃地去参访各处村寨。而我哪里都没有去，专心致志地待在二楼的大茶台旁——观赏道子老师的创作大餐。

道子老师在书画界大有影响，书法国画俱佳，气势格外自成一家，各类大作在拍卖会上已经迈入一流作品行列。在勐海的时候道子老师告诉大家，等到了景迈山，他将为此次茶山行的每一位成员创作一幅茶饼图。

道子老师的具体想法是，他的创意将以茶饼包装图的样式为基调，等大家日后定制茶饼的时候，可以用这个专享作品担当封面的角色。不过，道子老师说不能什么山头都选，只能在贺开与景迈两者中选一个。

道子老师还说，各人可以提出细节上的创意或要求，由道子老师在创作时酌情考虑。这个细节规定让我欣喜不已，因为我本来就有求一个字的想法。

道子老师身着宽松睡衣，在二楼收拾整齐的大茶台前坐下，面朝远山闭目静思，想必是在寻找创作灵感。我则乖乖坐在旁边，不敢有一丝惊扰。过了一会儿，道子老师睁开眼睛，双手往桌上一按准备开始，看来已经胸有成竹。

道子老师首先想到的是已经返程的几位，便率先为他们创作茶饼图。

川普之前便告诉道子老师，他选贺开山。基于川普稳重平和的形象，道子老师写下"贺开古茶"四字，字里遒劲有力，字外透着平和，四个字分成两行，在纸面上均匀排布。

易武选的同样是贺开，道子老师同样书写了"贺开古茶"，但改成了竖排两列的样式，"贺开"二字为主体，"古树"二字稍小立在一旁，整体气势大开大合，一看便心胸舒畅。

大力水手选的也是贺开，看来贺开茶气足，比较适合男性。道子老师再次调整了书写风格，变成了一列竖排。可能大力水手的《沙家浜》表演太过成功，纵排的"贺开古茶"四字让我觉得隐隐有些"胡汉三"的味道。

老鹰选的也是贺开，道子老师或许是对老鹰硕大的脑袋印象比较深，"贺开古茶"四字以竖排两列的方式排布，但"贺"字格外巨大，占据了一半篇幅，气势雄浑。

创作完这几位的作品后，道子开始给仍在茶山的诸位创作茶饼图。道子老师看我一直坐在旁边，就问我："坤土之木，你有什么特别的想法没？"

我不失时机地说："有！道子老师能不能在我的那幅字上突出一个'静'字？我也是选贺开山。"

道子老师微微一怔，看来我的想法有点出乎他的意料，但仍点点头："行，那我得等会儿给你弄这个。"

我见道子老师答应了，心中大喜："没关系，我不着急，能有这个字我就感激不尽。"

随后，道子老师的创作一气呵成：泉景的《无极品茶图》、泉普的《禅茶图》、生姜的《景迈古茶——升发图》、勐混的《贺开古茶园》……

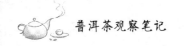

十余幅作品，或书或画，一一呈现在大茶台上。

当时我看勐混的字比别人多了一个"园"字，觉得有点特别，私下揣测莫非道子老师是觉得勐混体型偏圆，所以用一个"园"字来提点他？

终于轮到为我创意了，我就在想，我和勐混的体型相差无几，不会也来个暗示吧？在我惴惴不安之时，道子老师在纸的中央写下来一个大大的'静'字，面积占据了纸面的主体部分，我当即放下心来，看来不会有类似勐混的暗示了。继续看下一步动作，我更安心了，道子老师在右侧写了一列小字："贺开古韵。"

正在我觉得一切正常的时候，道子老师开始在'静'字下方作画，我顿时觉得有点意外，难道还要再加内容？道子老师下笔速度很快，一把胖胖的茶壶很快跃然纸上。这下清楚了，道子老师同样暗示了我的体型问题——这把壶也是圆的！回头去看勐混那幅字，越发觉得那个'园'字跟我的这把茶壶在意境上颇为相似。

再抬头看道子老师，心中平添一层敬意。

## 班改新茶体验记

第二天一早，我们按计划向班改大寨驶去。虽说距离并不远，但同样要在山路上绕行，还是花了近一个小时才赶到寨子。

我们的车队在院子里停下，马上看到一张张热情好客的面孔迎了上来。在他们的指引下，我们拾级而上到了二楼。一到二楼，入眼便是一个品茶区，一张茶台静静地摆在扶手旁。

大家有的四处溜达，有的在远处落座，我则毫不客气地坐到了茶台旁。毕竟品尝班改新茶，才是我此行景迈山的关键所在。

这时，当年那个害羞的小姑娘也到了二楼，大家看了发出一阵赞叹。两年不见，小姑娘已经出落成一个半大姑娘，模样长开了，美丽端庄。言谈举止之间，她显现出与年龄不相称的稳重，再次得到了大家夸奖。

泉景和茶小二与小姑娘的姐姐交谈了一会，然后拿着一包新茶往茶台走去，品茶要开始了。

第一泡茶汤，我闻了闻，是景迈山的风格，清新中透着些许柔和。之前，因为一直习惯了布朗山茶相对猛烈的茶气，景迈山偏于柔美的茶气有时会让我觉得有些不够劲，所以通常我会把景迈山茶当成开路茶来饮用，之后再喝布朗山或其他山头的茶。这一泡茶闻上去很符合预期，没有让我觉得有什么特别的地方。喝下去之后品味茶汤，仍然没有超预期的地方。

第二泡茶汤，我闻了一下，变化不大，还是清香柔和的感觉。

第三泡茶汤，闻起来的变化仍然不大，这时候我就奇怪了，泉景大哥说这个茶很好，到底好在哪里？正在我胡乱琢磨的时候，突然觉得后背和头上出现了微弱热感！我这就有些惊讶了，景迈山茶的茶气能在三泡时这么明显，好像之前没有遇到过。

第四泡茶汤，茶汤中的回甘很明显。关键是体感更清晰了，茶气的确很好，甚至超过某些以茶气著称的品种。仔细体会，茶气走向居然开始分化，我清晰感觉到一股力量沿着腿外侧的胆经慢慢下行。这个走向太牛了，我暗赞了一声。

后面的几泡不用再说了，生津、回甘、柔和以及气感的综合效果，让我对这款茶兴趣盎然，难怪泉景大哥如此推崇这款茶。

这时候，茶台旁的其他人也都纷纷称赞，的确是景迈山极有特色的一款茶。

泉景大哥看出来我的兴奋，便对我得意一笑，我便悄悄竖起大拇指并加上一个佩服的眼神。说实话，泉景大哥的水平真是高。

新茶品尝的环节完美落幕。

主人热情邀请我们入席用餐，我们分成两组围着矮桌坐下，看到的是一桌丰盛菜肴。在取用主食时发现，居然是我们上次捕鱼时尝到的糯米饭，大家顿时回忆起泉普下塘摸鱼的壮举，在欢呼声中把糯米饭一抢而空。

午餐后，我们稍事休息，在主人的带领下前往茶园参观。出发之前讨论了一下开不开车，主人介绍说路途不算远，大家觉得正好适合饭后运动，便选择步行前往。

大约走了半个多小时，我们抵达了茶园。这片茶树跟我们以前见到的

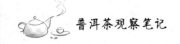 

茶园完全不同，茶树林旁居然有一条小河流过，在我去过的诸多山头中，这是唯一紧靠水流的。泉景特别指出，正是由于这条河流的存在，茶树获得了更多的水汽滋养，才让班改茶提升了品质。

我则在茶树林附近观察阳光的情况。这里的光照很足，并且没有其他高大树木分散遮挡阳光。这个角度再琢磨一下，顿时觉得这简直是一个绝佳安排，如果没有这条河流提供水汽帮助的话，光照就可能偏强了。水汽的加入不仅缓解了光照过强的问题，还为茶增加了特别的浸润感。

茶园欣赏完毕，一行人开始返程。

我一边走，一边回忆茶气沿胆经下行的感受，看来我体内的胆火还是太盛，所以茶气行走胆经的感受才强烈。反过来想，这个茶既然可以循行胆经，又是生茶，岂不是正好能清除胆经虚火？这对于改善睡眠和肠胃，应该有更深层的帮助，貌似这个茶适合我喝，回去找老师确认一下。

回到主人家，我们便上车准备出发。我们在车上等了一会儿，但头车仍然不见丝毫动静，这有点奇怪。终于，茶小二从屋子里走出来，手里拎着几包刚刚晒好的茶叶。

我正纳闷茶小二这是要干什么，就看到生姜眉开眼笑地走上去接过了茶叶，原来她已经先下手为强！

# 老茶滋味方为上

　　自从喜欢上普洱茶，约上三五好友一同品茶已成为一种习惯。茶会，日益成为生活的重要选项，既是品评好茶的良机，又是学习茶艺的平台，更是畅聊茶叶人生的道场。一次次的老茶体验，不断冲击我对茶的理解。在前辈的关照下，我喝到了传说中的老茶，那些曾经躺在资料中的名词终于映入眼帘：超级经典的88青、1972年以后的七子饼、1972年以前的印记茶、还有一款传说中的广东老茶……

**20 世纪 60 年代铁饼茶汤**

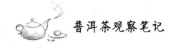

# 老茶记事之一：88 青饼与 7542

地点：长春品得茶舍

人物：坤土之木、泉普、茶颖、引弓长歌、闹闹

历经数年筹备，泉普的私人茶室终于落成，还起了一个很雅致的名字——品得茶舍。在泉普几次盛邀之后，终于得了个机会去他那里品茶。

去茶舍的路上，泉普还特地打电话说会给我个惊喜，泉普的夫人茶颖在电话旁边连连神助攻，说保证有惊喜云云。本来没多想，这两口子的一通电话顿时让我对此行产生了不少期待。

一走进茶舍，就看见两位老熟人：一位是比我更胖的金融老民工——引弓长歌，另一位则是一起去过茶山的闹闹。

说起引弓长歌，首先想到的往往是他那长期稳定的、超出常人许多的身材特征，也总是让我十分怀疑喝茶的减肥功能。引弓长歌热情起身拉着我在茶舍转了一圈，从茶桌、茶椅、茶壶、茶杯到储水缸介绍了一通，的确硬件配置达到了一流水准。

落座之后，泉普先来了一句："坤土之木，你猜猜今天喝茶用什么水？"

我张口就答："这里离长白山近，肯定是长白山山泉水喽。"

泉普："那倒是，但能猜出这水有什么不同吗？"

我摇摇头："猜不到。"

泉普："谅你也猜不到。这批水是五月初五正午时分装瓶的水，我专门去找的！牛不牛？"

我乐了："牛！这水听上去十分有诱惑力，那今天的茶会有点意思，是得好好感受一下。这就是那个惊喜？"

泉普："这个不算。当然了，端午泉水这个概念可能有人觉得没什么，但你就不一样了，肯定有兴趣，我没说错吧？"

我连连点头："没错。不喜欢中医的人，对这些的确没什么概念，更谈不上在意。这个时点的水我以前没遇上过，看看泡茶能不能有点新感受。"

引弓长歌："泉普，今天坤土之木来了，这茶是不是得喝点特别的啊？"

茶颖："那当然，泉普已经准备好了，保证有小惊喜。"

说话间，泉普拿过一饼茶放在了我面前，我随即接过来端详观赏。入眼的第一感觉是茶饼的包装纸有年头了，再仔细一看是"中国土产畜产进出口公司云南省茶叶分公司（中茶公司在 1972—1992 年的名称）"出的一款七子饼茶，当即心中一动，这个茶有年头了。

打开棉纸，映入眼帘的是一个深色茶饼，猛一看有点像熟茶，但仔细看就会发现并没有熟茶那么乌黑，间或能看见一些褐色条索。

看了茶饼，我当即激动了："哈，这可是有年头的茶，难道今天要喝到传说中的老茶？"

引弓长歌："泉普，今天可以啊，用这款茶打头？"

泉普："嗯，先喝这个，后面我们再喝熟茶。"

我看着他们俩一唱一和的，不解地问："这款茶很牛？"

泉普抬眼来了一句："知道是什么茶吗？7542！"

我小小地激动了："不会吧，居然是这么有名的茶，太让人惊喜了。"在我的印象中，"7542"是老茶里的经典款，因为是在 1975 年确定的配方，所以前面就带了 75 两个数字。这款茶产自勐海茶厂，茶气强，转化好，绝对是不可多得的一款名茶。

茶颖："7542？不是 88 青吗？"

我眼睛顿时瞪大了："88 青？确定吗？"

茶颖："确定啊，这款茶我很熟，泉普跟别人说的时候都说是 88 青。"

我疑惑地抬头看泉普："什么情况这是？"

泉普一脸坏笑："是 88 青，茶颖说得没错。"

我顿时心花怒放，要知道 88 青作为一款超级名茶，在普洱茶界的知名度可谓名列前茅。不过我印象中 88 青跟 7542 好像有些渊源，但急切之间又想不起来。

我兴奋地搓了搓胖手："惊喜，果然是惊喜。来来来，给我拿一盏好

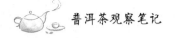
茶杯。"

引弓长歌："坤土之木，这款茶有这么牛吗？看把你兴奋的。"

我连连点头："略兴奋，略兴奋。这款茶名气实在太大，以前光看图片不见实物，今天终于要尝到了，实在超预期。再一个，这茶好贵啊，据说比刚出厂的时候涨了 1 万倍，拍卖场上估计要 10 万块一饼了。"

引弓长歌："就是名气大而已，我觉得不如 70 年代的茶好喝。"

泉普翻了翻白眼："你真会比，70 年代的茶都能算老茶了，88 青只能算中期茶，那能一样吗？"

茶颖："你们俩别斗嘴了，好好泡茶吧，我们都等着呢！"

泉普点点头，闭眼沉静了一会便进入泡茶模式：取水、煮水、取壶、置杯、起茶、称重……泉普的手法日益熟练稳定，显然茶艺又有进步。

待水沸腾，泉普正式进入泡茶模式：温壶、醒茶、洗茶、温杯、出汤……我认真观察泉普的手法，非常稳定不说，柔和度也明显提升，大有直追泉景之势。不知怎么让我想起了古文《卖油翁》，技艺水平提升一定要多练，没有足够的练习，怎么都不行。

第一泡入杯，茶汤颜色与新茶大不相同，经典的黄绿色消失无踪，看上去是明显的棕红色，有点像葡萄酒。端详之后举杯闻香，新茶气息荡然无存，但是也没有闻到特别的气味，看来气息还没有释放出来。

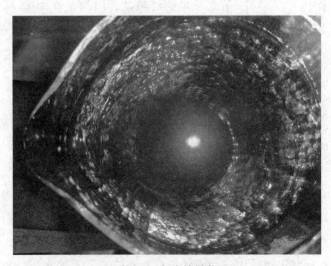

20 世纪 60 年代铁饼茶汤

揣着小激动抿了一口，口感非但不惊艳反倒让我有些失望，茶汤虽然没有生茶的青涩味，但却有些说不清的杂味或者异味。仔细回味之后，温和的口感让人觉得有一点点熟茶意味，但又明显不同。

引弓长歌："怎么样，跟你以前喝的那些生茶比怎么样，变化大不大？"

我点点头："差异很明显，再喝几泡看。"

第二泡，我突然意识到茶汤的苦涩感很微弱，印象中88青也是勐海茶厂出品，而苦涩一向是勐海茶开始阶段的典型特征。看来这就是说的长期转化了，茶多酚在这个过程中逐渐变少，苦涩味就淡去了。

第三泡，淡淡杂味尽去，茶汤入口的醇厚温和感出来了，香气也能闻到了，是一种温和内敛的气息。这一道茶汤越发有点熟茶的感觉，但又比熟茶清雅许多。再细细体会了一下，茶气非常饱满，并且有一种多样化的复杂感觉，口腔可以感受到多种不同的气息。

接着，泉普把倒空的公道杯递了过来，我接过一闻，居然有股淡淡的焦糖香，香气直入心脾，心中不由暗赞一声。

随着泡数增加，身体的暖意也随之提升，茶气入体了。茶气有明显变化，不是新茶那种细流感，而是一种宽阔的暖流在背部推动，居然让我联想到汽车发动时的推背感！

回甘悄然出现，同样清雅而持续。与新茶相比，88青的回甘沉稳而内敛，很像中年人的感觉。

再看茶汤，仍然是淡淡的棕红色，但比初起时更加透亮，在灯光映射下显得非常亮丽，这绝对是新茶没有的情况。

随着泡数增加，茶汤居然又透出了细微药香——虽然还不明显。参考我喝50年老藏茶的经验，这绝对是时间沉淀的结果，假以时日，药香一定会更清晰。

正在品味之时，一直没怎么说话的闹闹突然冒出了一句："泉普哥，我怎么印象中听你说88青也是7542？那88青到底是1988年的还是1975年的？"

我听完琢磨了一下说："对啊，我也有此一问！刚刚回想，好像88青是跟7542有个什么渊源来着。"

泉普笑笑："看来还得给你们再补一下这段历史，我说个大概，细节请自行脑补。"

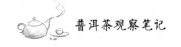

我和闹闹连连点头。

泉普："坤土之木，7542 的意思你明白吧？"

我点头："这个清楚，这是以前云南各大茶厂制作配方茶时的配方编码。75 意味着这个配方是在 1975 年定下来的，4 是指用 4 级茶，2 是茶厂代号。我记得 1 是昆明茶厂，2 是勐海茶厂，后面两个是什么厂来着？"

泉普："后面两个，3 是下关茶厂，4 是普洱茶厂。"

我再次点头："一看就是对普洱茶历史有过深入了解的骨灰级资深茶客。"

泉普："少拍马屁。接着说啊，7542 是勐海茶厂最有代表性的配方，从诞生之后一直连续生产，从没断过，所以才说 7542 是普洱生茶里的一个标杆。"

泉普又出了一泡茶喝了一口，接着说："7542 配方诞生到现在的 40 年多年里，陆续出了不少著名年份茶，比方说雪印、简体云、事业青、橙中橙、绿星星等等。在 40 多年的 7542 名茶中，目前看名气最大的可能是 88 青！"

我恍然了："对！是这么个故事，88 青就是 7542。难怪你开头就说是 7542，敢情是故意的。"

泉普："不过 88 青可不是 1988 年生产的，是指 1989 年到 1992 年生产的那几批茶。这些茶后来发到香港，被一位著名的茶人存储了很久，后面才慢慢被发掘出来。"

茶颖这时接上了："刚才我也纳闷了一下，我一直听泉普说这茶叫 88 青，怎么今天说是 7542？原来是考校你来了。"

泉普重现一脸坏笑："怎么样，这样印象深刻吧？我是怕你记不住，帮你建立一下认识。以后喝茶肯定会碰到更多的配方，记不住可不行。"

静静听讲的闹闹又发现了个关键点："泉普哥，既然 7542 一直在生产，为什么做不到年年都是经典，只有中间某些年份有名茶？"

我接上话头："这个我能解释，这跟法国葡萄酒的情况一样。那些著名酒庄也不是年年都出特别牛的酒，他们会根据品质把酒分成好酒和普通酒。这里的关键点就是，农作物生长必然会受气候条件影响，每年的情况不同，农作物品质自然就不同。所以葡萄酒做不到年年都是好酒，普洱茶也是同样道理。"

引弓长歌："你这个说的有道理，想想还真是这么回事。看来茶也不能年年都收，得挑着收。"

闹闹又来了一句："这茶还有个奇怪的地方，我自己在家里泡的味道就是没泉普哥泡的好。"

我哈哈乐了："这也是好茶的特点，茶汤因人而异，不同人泡茶的效果就是不同。这一点现代科学还真解释不了，目前来看得用古人'天人合一'的理念才解释得通。"

闹闹点头："是难以理解，我现在泡的茶、用的壶、用的水、茶杯什么的，都是参照泉普哥的标准配的，但茶汤味道就是不一样。"

我想了一下说："你泡的茶是不是没有泉普泡的气感强？茶汤的厚度也稍弱？"

闹闹睁大眼睛点头："是的，你怎么知道？"

我笑笑："我猜的，我看过不少人泡同一款茶效果不同，就认真观察了一下，茶汤的强弱跟泡茶人的身体强弱正相关，身体弱些的泡茶就会让茶汤弱一些。男性女性在身体强弱上的差异更明显，茶汤也会有对应区别。所以我说得用天人合一的理论解释才行。"

引弓长歌："行了，行了，你又来这些玄乎的。泉普，88 青喝了有快十五泡了吧，就剩回甘了。我看这道茶的味道差不多了，下一道喝什么？"

泉普："熟茶，90 年代老紫芽。"

这又是一款没曾喝过的茶，我的劲头又被激发了……

# 老茶记事之二：60 年代红印铁饼

地点：北京马连道

人物：坤土之木、泉景、郎中令、黑郎中、牙医、勐混、茶小二

大家喜闻乐见的牙医来北京了，首要任务是看望老师，次要任务便是与我们一起喝茶。说起来牙医只是他的绰号，本尊其实是个传统派中

医，只因牙齿长得极具特色与喜感，周围朋友便一致称他：牙医。剧透一下，牙医此行除了看望老师，心中还有一个小秘密，需要我帮他作一番安排。

为此，我特地张罗了一个以传统文化爱好者为主体的茶局，其中有两位中医：一位是郎中令，另外一位是在帝都赫赫有名的黑郎中。说起黑郎中，并不是说他长得黑，而是因为他早年就读于黑龙江的一所中医大学，便被大家戏称为黑郎中。

与以往申时喝茶不同，这次茶会约在晚餐后。我和牙医抵达茶舍时，泉景和勐混已经到了。泉景和牙医也熟识很久，见面自然一顿寒暄。

我们落座后，泉景略带神秘地说："听说今天高朋满座，牙医又远道而来，所以我带了一款特别的茶，等会儿一起品品。"

牙医一听高兴了，大牙一张："泉景大哥太客气了，简直受宠若惊，我在这里先谢过了！"

我接过话头："泉景大哥难得这么推崇一款茶，看来应该是今天的压轴茶。"

坐在泡茶席上的茶小二问泉景："咱们边喝边等吧，先喝一道什么茶？"

泉景想了想说："你不是发了些一直在云南存放的 13 春熟吗？我们试试，看看存在云南和存在北京的区别有多大。"

茶小二点头："好，我正好想让大家尝尝云南仓的 13 春熟，我自己喝觉得是有变化，但是怕表达不准确。"

茶小二转头烧上水，接着把熟茶神器取了出来，泡茶模式开启！在一套流畅的操作之后，浓郁的第一道茶汤入杯。

端起来一闻，13 春熟的熟悉味道扑鼻而来，正要喝的时候想到茶小二说的有变化，就再次闻了闻。仔细体会之后，觉得茶汤的内在一致性很稳定很清晰，但是稍稍柔和了一些，渥堆的味道基本消除了。因为 13 春熟有两年没碰了，茶汤的这些变化我觉得应该是陈放转化的正常情况，不能算超预期变化，就没吭声。

煮茶套装

喝完之后转头看泉景，只见他仍在闭目体会的状态，我就没打扰他，继续等待下一泡。

又一泡茶入口，似乎出现了微弱回甘，这似乎比之前要来得快不少，但我仍然把这一点归类于自然反应。

这时耳旁传来了泉景的声音："茶小二，这一泡给我多倒一点，这茶的确有不小的变化。"

我有点诧异，是什么变化？

泉景似乎觉察到了我的诧异，转头问我："坤土之木，13 春熟你多久没喝了？"

我老老实实回答："差不多有两年没喝，这两年喝 15 春熟多。"

泉景转回头跟茶小二说："这样，你把在北京存的 13 春熟泡一道，我们比较一下，正好让牙医也找找感觉。"

茶小二点点头又取出一把壶，用存放在北京的 13 春熟另泡了一道。闻了闻这道茶的第一泡，区别很明显，气味还是有点冲，而且渥堆味儿重一些。如果不是亲眼看见是同一年的包装，我简直会觉得这是两个不同年份的茶！

第二泡还没喝呢，泉景又打住了，让接着返回去喝第二道茶。我这下

觉得很有意思，就静下心来慢慢品味和感受。

喝了有五泡的样子，泉景又问我："你觉得茶气有什么不同？"

其实我一直在体会，我当即回答："首先是感觉柔和了不少，而且从腰腹往下走的力量更清晰。"

泉景又问："后背往上有什么感觉？"

我想了想说："也觉得有温热的感觉，也是觉得收敛或者是内敛了一些。"

泉景："这些都对，还有一点是关键——火气基本退下去了，茶汤喝到身体里是温热的感觉，但不是燥热的感觉。"

牙医的大牙闪亮："会有这么大的差别？不过这个茶真比几年前要好喝，是柔和一些。"

泉景笑笑："那接下来你们再喝喝放北京的这道，体会体会。"

又喝了五六泡，我也发现区别了："泉景老兄，你说得对，这道茶的热性是大一些，在后背冲的有点快。"

牙医也是频频点头："我也感觉到了，这道茶确实有些燥气，前面那道茶要柔和很多。同样的茶放在不同地方，居然会有这样的变化，真是没想到！今天长见识了。"

茶小二道："你们这么一说，我也听懂了。这茶刚发过来的时候，我和小米粥就喝了一下，感觉跟放在北京的茶区别很明显，但又说不太清具体是哪种变化。"

泉景："放在云南的这个茶，现在能喝了，这是结论。"

我的兴致也上来了："这就是说的干湿影响吧？普洱茶存放的环境不能太湿也不能太干，太干会减慢茶的转化！那我的茶都在北京放着，岂不是有点麻烦。"

牙医的大牙趁机拱了出来："那好办，你寄到重庆来，我帮你保管。"

我白了他一眼，说："那估计是肉包子打狗。"

茶小二："泉景大哥之前建议我云南仓和北京仓都放茶，过几年看看转化效果。现在看，还是云南仓的效果好，我准备把一部分茶再发回云南。"

我眼睛亮了："对啊，这是个主意，应该把茶尽量放在云南，每年发一些回来喝就行。就这么定了，我后面再买茶，就直接放云南！"

泉景："那你得交存储费才行，不能白用人家茶小二的茶仓。"

我点头："这是合理要求，完全同意！以后我的茶尽量都放云南。"

茶小二也笑了："看来我得弄个更大的茶仓，以后好收保管费。"

正在谈笑间，郎中令、黑郎中以及勐混等人都到了。大牙和这几位都是熟人，加上有一年多没见面，自然是各种寒暄问候。大家重新落坐，相互谦让一番后公推黑郎中和郎中令坐在中央，牙医则借机坐到了黑郎中的旁边。

茶小二主动让贤："泉景大哥，接下来你泡吧？"

泉景点点头，起身从包里掏出一泡茶，然后坐到了泡茶席。

勐混适时问了一句："泉景，你们刚才喝的什么茶？这一道又是什么茶？"

泉景转头看着我："坤土之木，刚才喝茶的情况你给介绍介绍？"

我欣然点头，就把北京仓13春熟和云南仓13春熟的差异情况做了个简要点评，引起大家的一致兴趣。茶小二在一旁听得眉开眼笑。

听我说完，泉景开始介绍："牙医难得来一趟，我带了一泡比较特殊的茶，60年代红印铁饼！"

我当即一愣，20世纪60年代，那岂不是说茶龄超过50年了，这可是迄今我遇到的年头最久的普洱茶，这个冲击比上次喝88青来的更大！

牙医牙光闪闪："太感谢了！泉景大哥。不过小弟孤陋寡闻，不知道这铁饼是什么意思，是茶饼压得坚硬如铁的意思吗？"

泉景扑哧乐了："也对，这个茶饼是压得特别硬，还真是坚硬如铁。"

牙医呲牙一笑："泉景大哥肯定是开玩笑，铁饼到底是啥子意思嘛？"

泉景一边烧水一边说："这个概念茶小二比我懂，让他给你讲讲吧，我先集中精神把茶泡上。"

泉景泡茶讲究集中注意力，我就助攻了一下："牙医，泉景大哥要认真泡这款茶。这款茶年头比较老，肯定要更加集中精神，你就别打扰他了。来来来，茶小二同学，给我们讲讲铁饼是怎么回事。"

七子饼茶包装纸

茶小二："嗯，这个情况我确实比较熟，是把散茶加工成饼茶的一种工艺。具体讲，加工饼茶有两种方式：一种叫石模压饼，一种叫铁模压饼。传统上是石模压制，后来才开始用机械压饼，好像最早的铁饼是在五六十年代出现的。手工石模压的茶饼松一些，机械铁模压饼就紧多了，有的还特别紧。不过，现在人们觉得铁饼太紧，起茶的时候太累，就不怎么用铁模压饼了。"

勐混关心效率问题："那现在都是人工石模压饼？"

茶小二："也不算是，现在应该是两种方式结合。茶饼现在还是用石模来定型，但是压饼不用人力，而是用机器模拟人的力量来操作，算是机械石模压饼。"

我关心转化效果上的差异，就追问："那这两种方式对后期转化的影响是什么？"

茶小二："这简单。铁饼压得紧，透气慢，转化速度就慢，有助于提升茶的香气，而且茶能放很久。石模饼正好反过来，压得松，透气好，转化速度快，但香气会薄一些。泉景大哥这个铁饼是 60 年代的，应该是压得比较紧的那种，转化应该很好。"

这时泉景已经完成了泡茶准备，第一泡茶出汤了。

我拿起杯子看茶汤，这汤色哪里会让人想到是生茶？深深的栗红色肯定会让人觉得这是熟茶。对比 88 青的汤色，这款茶的汤色要厚重得多，颜色更趋于深红，几乎就是一杯葡萄酒！

茶汤

举杯闻香，是一股淡淡香气，但传递出一种浑厚与柔和，生茶能转化成这种状态堪称神奇。

第一次以迫不及待的心情抿了口茶汤，居然连浮于表面的杂味和异味也没有，不知道这是茶本身转化的效果还是泉景泡茶的效果。我把茶汤停留在舌面，茶气果然浑厚而一致，完全没有88青那种多样化的复杂感觉。看来，经过50多年的转化，这饼茶的茶气已经合而为一。

侧头看其他人，一个个都是沉静感受的样子，连牙医也把大牙收了起来安安静静的。

第二泡入杯，茶汤颜色和气息没有太多变化，只是看上去亮了一些，随即喝下去之后感受。茶汤入体不到一分钟，腰腹就温热起来，一股热流慢慢向小腹汇聚过去。

第三泡喝完，一个难以想象的体感出现了：温热感已经贯通全身，从头到脚！这是学喝普洱茶以来第一次出现如此深厚而有力的体感，堪称震撼！

泉景依然默不作声慢慢泡茶，我转头问郎中令感受如何，郎中令也是

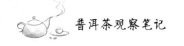

大为赞叹。

牙医终究藏不住牙："这款茶确实牛叉，茶气不仅强，而且走得很深，不像其他茶的茶气就是在皮肉层的浅层。这种通络的效果都快赶上我的针灸了。"

一直没说话的黑郎中出声了："我以前喝茶少，也没注意过茶气。但是今天这款茶确实让我感觉很特殊，这个茶似乎有助于提升阳气。"

我接了一句："印象中是一位台湾老茶人提出了茶气的概念，认为茶气与中医里讲的气是同一个概念，茶气也能在经络中走行。我就总在琢磨，茶气能不能真用来养生或者治病呢？"

黑郎中："这个提法好，说明这人是个老茶客，体会很仔细。从中医理论上也讲得通，茶的气、味不一样，和脏腑的对应也不一样，中医有'酸先入肝，苦先入心，甘先入脾，辛先入肺，咸先入肾'的说法。茶的味道不一样，对身体的影响也不一样，茶的气、味多种多样，还真是应该开发一下，以后处方用药之外也应有针对性地配上不同款的茶品，这想法太好了。"

牙医赶紧露出白牙："是啊，那就要看茶气是不是能这么丰富了。不过都是云南一个地方的茶，茶气会有那么大的区别？"

我有感触："这有可能。这几年我喝了不少山头的茶，茶气走行的路线差别挺大，尤其上次喝到一款沿胆经下行的茶，让我觉得非常神奇。"

郎中令："那要注意整理一下，如果真有这种效果，确实可以考虑当药来用。"

我小激动起来："是啊，如果找出这一系列茶，是有可能。我的老师之前就建议我多琢磨不同山头的茶气，再试试茶叶拼配后的行气效果。以后要在这方面多下点功夫。"

勐混也提议："这茶的茶气确实太好了，如果喝完这道茶再站桩，那效果就牛了。"

我和牙医都点头表示同意。

陆陆续续又喝了十几泡，那种从体内深层透出来的温煦感越发明显，几乎有点泡温泉的感觉。身体的深度舒张让大家都松弛下来，心绪也不再发散，大家都在享受这种轻松自在的愉悦。

过了一会儿，泉景率先从宁静中走出来，轻轻地说："这道茶就泡到这儿……"

话音未落，牙医的大牙就冲出来了："那是不是有点可惜啊，感觉正好呐。"

泉景微微一笑："我说不泡了，但没说不喝了。茶小二，接下来我们用壶煮煮喝。"

牙医不好意思地磨了磨牙："原来是这样，那敢情好。"

煮过的茶汤，境界自然更上一层，老茶的神奇让所有人赞不绝口。

正在大家静静享受之时，牙医端着茶杯转身向黑郎中说："黑郎中老师，我一直想和您学习中医，来之前也专门向您表达了这个意思，不知老师愿不愿意收我这个学生？"

黑郎中心胸宽广："收学生可不敢当。你中医上的成就也不低，我们互相交流就行，你有什么问题我能回答的一定尽力解答，不用非说老师、学生的。"

牙医一听乐了："老师就是老师，这么说您就是不反对收我这个学生了。老师在上，请受学生一拜！"

牙医郑重起身，举起茶杯跪了下去……

## 老茶记事之三：老茶丛中广云贡

地点：北京马连道

人物：坤土之木、许老师、泉景、卿泉、劲混、肉桂、阳光、茶小二

一日正在城东办事，接到泉景的电话，问我晚上有没有空一起喝个茶。由于当天安排了许多事项，尚不知何时能结束，加上从城东跑到城西需要的时间太长，就婉拒了泉景的邀请。

谁知泉景马上抛出一个王炸："泉州许老师来了，晚上一起吃个饭。饭后许老师请大家品茶，你看能不能争取赶过来？"

我一听愣了，须知许老师可是普洱茶界的超级资深人士，用"骨灰级"茶客来形容他都不够。我迟疑挣扎了几秒钟，回复到："能与这样段位的高人交流，那是可遇而不可求。这样，我这边争取早点结束，晚餐能赶上就参加，赶不上就直接参加茶局吧。"

放下电话，我脑中开始场景闪回，想到了泉景最初和我介绍许老师的那个场景。

记得泉景第一次跟我提到许老师的时候，特别介绍许老师是港澳人士，但平常居住在泉州，并且在泉州经营着一家普洱茶馆。一听许老师在泉州开普洱茶馆，我当时很诧异："泉州？那可是铁观音的根据地，许老师在那里开普洱茶馆？"

泉景马上回应："香港普洱茶王——白水清老先生不仅是泉州人，还是安溪人，安溪可是铁观音的主产地。白老先生早年还经营过铁观音，后来才成为普洱茶王。"

我当即有新感受："看来泉州是个跟普洱茶有缘的地方，有这么多普洱茶大家。"

泉景点头："泉州有茶道高人，而且人数不少，有机会你得去泉州跟他们交流交流。"

我又来了一句："普洱茶能从青茶堆里杀出来，更加说明普洱茶的吸引力相当不一般。"

泉景微笑回应："不是有这么一句话么，普洱茶是茶人的最后一站。"

我简短回忆了一下当时跟泉景的那段对话，不由对晚上的茶局充满了期待。

城东的饭局匆匆吃了几口，我就请假往城西跑。一个钟头赶到马连道，许老师的饭局还没结束，大家居然还在等我，让我感动不已。入席之后，泉景便介绍我和许老师认识了——一位言谈儒雅却又透着一股酷范儿的时尚老人，70多岁的人看上去不过60岁。我第一反应是：看来喝茶养生是靠谱的！

不好意思过多占用大家的时间，我简单吃了一些有战斗力的主食，便说可以出发品茶了。

饭后百步走，大家选择步行前往茶舍。

大家很快便在茶舍落座，期待中的茶局要开始了。

许老师在泡茶席坐下，取出随身带的几道茶。茶小二赶紧取了茶荷过来，泉景也搭手帮忙往茶荷中倒茶。准备就绪，泉景随即把四个茶荷整齐排列在了茶台旁边，蔚为可观。

许老师

许老师说话了："今天我带了四道茶，一道是 90 年代的 7581；两道 80 年代的，80 年代的茶里有一道是 7532；最后一道是特别款。"

在座的听完立马兴奋起来，喜悦之情溢于言表。须知一次遇到这么多有年头的茶很不容易，关键这些茶还是许老师带的，那绝对保真。

我随即表示："今天了不得，品过这些好茶，我们就有比较基准了，以后再碰上同类茶就能判断好坏。今天能喝到著名的 7581 和 7532，生熟茶都有，太让人意外了。"

肉桂问了一句："经常听你们说这些配方数字，怎么区分生熟啊？"

我看看泉景，泉景看看我说："坤土之木，你给解释一下呗？"

这下轮到我为难了："其实关于分级和配方编码的问题，我一直都有困惑。我说今天有生有熟，是因为我记得 7581 是熟茶，7532 是生茶。"

"为什么说有困惑？因为在 2008 年颁布的国家标准里面，普洱茶的分

级规定跟这个不太一样。国标把生茶和熟茶各自分了六个等级，生茶有特级、二级、四级、六级、八级和十级，熟茶有特级、一级、三级、五级、七级和九级。简单说吧，偶数级是生茶的，奇数级是熟茶的，但不管是生茶还是熟茶，都再有一个特级。"

"这下我的困惑好理解了吧。2008年的国标分级，跟这些配方编码对应不上去：7581和7532正好是生熟茶反过来的情况。我说不清这到底是怎么回事，在座的哪位专家给指点指点？"

茶小二笑笑说："这个我大概知道点儿，2008年国标是最近这十几年的事情，熟茶用单数分级，生茶用双数分级。但在国标颁布之前的云南地方标准里，没有区分生、熟茶，统一把普洱茶分成特级、一级，一直到十级的十一个级别。再之前，连这个统一标准都没有，各个厂家自己分级，但一般也会分成类似的十一级。所以配方编码里面的级别是跟厂家分级对应，不能用现在的统一标准去理解。"

我恍然大悟："原来如此，这个困惑算消除了。但这么一来，有些历史细节还得死记硬背才行。"

肉桂也高兴了："我算明白个大概了，现在出的茶要按照国标方法分级，以前出的编码不能这么套，就得记住。对了，茶叶分级是按照什么标准分的呢？"

勐混接过话头："这个问题我能回答，茶叶分级是看叶片的老嫩程度，越嫩的茶叶级别越高，比方说特级、一级什么的；越是粗老的叶片级别越低，九级十级就是最低的。"

我对勐混竖起了大拇指："勐混兄，进步很快啊，这些普洱茶知识已经熟练掌握了。"

勐混微笑："其实也不熟，就是喝一款茶，再听听讲解，就能记住一点。如果光靠看书不实际喝的话，这些东西还是分不清，记不住。"

肉桂深有同感："就是！我也看了不少普洱茶的书和文章，里面各种各样的名词满天飞，真记不住几个。但是喝过的茶印象就深，相关的知识点也都能跟着记住。"

泉景："读万卷书不如喝百杯茶，道理是一样的。"

在我们的轻声交谈中，许老师心无旁骛完成了泡茶准备。我注意观察许老师的手法，完全不是茶艺师华丽技巧的路线，但手法自然、流畅、从容，这种感觉超越了《卖油翁》，让我想到了《庖丁解牛》。

1991 年的 7581 茶入杯了，我再次搓了搓胖手把杯子拿了起来。要知道 7581 茶砖在熟茶界赫赫有名，是被称为最有代表性的普洱熟茶。我之前喝过年份最久的熟茶是 1998 年的，再就是古树熟茶中的 02 春熟，论年头都比这款茶差远了。

这款茶果然有老茶的风格，温和顺滑，生津快，回甘好，我最关心的茶气则呈现了难得的绵柔感，推动身体渐渐温煦，果然不是凡品。暗自把这款茶与古树春熟比较了一下，不由得对古树春熟的未来转化充满期待。

接下来的 20 世纪 80 年代的 7532 同样让人兴奋。实话实说，7532 这款茶我也听说很久了——仅限书面上。这款茶同样被人称为标杆茶，在生茶界地位堪比 7542，但是要稍微冷门一些。既然与 7542 有一拼，我就下意识地拿喝过的 88 青来作对比——两者是同一厂家出品，又都是生茶配方。

三五泡茶之后，感觉出来了。这道茶的茶汤十分浑厚，入口醇香，回甘生津上佳，而且药香也更清晰一些。毕竟陈放时间有差距，88 青在这一点上还是比拟不了。88 青仍然只是中期茶，还可以继续陈放转化，想必未来的状态会更好。

接下来一道是神秘茶，泉景此时才点破谜底——20 世纪 80 年代的老茶梗。我一听就乐了，老茶梗？这是什么梗？这个茶可真没听说过。不过想想也就理解了，老茶梗吗，自然是茶中茶梗比较多的一种茶，比方说我那个 50 年的老藏茶，里面茶梗就比较多。我拿过茶荷看了看，哈，这款茶还真跟我的老藏茶很像，粗枝大叶，至少是九级，也可能是十级。以我的经验，这种粗枝大叶的后发酵茶十分耐泡，而且回甘特别好，茶气入体很深而且持续。这道茶我们也喝了差不多近十泡，与我预期的口感和体感非常相似，温煦的感觉再次提升。

终于轮到压轴茶，时间已近 11 点。茶会在不知不觉间已经持续近 3 个小时，而我们才刚刚喝完三道茶。许老师有些累了，便提出茶歇，随后走出茶舍踱步，顺便点起一支烟。

我们则趁机观看茶样，逐一手捧茶荷端详，入眼是乌黑的条索，甚至有的条索还有炭化的迹象。因为不知道这款茶的年代，单纯从条索的颜色形态上还不好判断到底是不是生茶，我们小声讨论了一番，有说生茶的，也有说熟茶的，最后也没有统一意见。许老师仍然在茶歇，我们就盘问泉景这到底是什么茶？结果泉景仍是笑而不语，示意等喝上以后再说，大家只好作罢。

许老师返回茶舍，仍然在泡茶席位落座，只说了一句："这款茶有些年头，大家尝一尝。"

许老师纯熟的泡茶手法再次呈现在大家面前，第一泡茶汤在几分钟后入杯。这时许老师说话了："请一口闷！"

我当时差点没乐了，话说这喝酒术语怎么能用到这里？不过转而一想，让我们一口闷肯定有道理在里面。我就端着杯子一边等待茶汤变温，一边细细闻香。首先琢磨这到底是老生茶还是老熟茶，印象中唯一能与这款老茶在外观上相提并论的只有上次那款铁饼。闻过几次之后，觉得两种茶汤存在一些区别，这道茶陈香显著，似乎在浑厚程度上要高过红印铁饼，但也差距不大，因此还是没把握做出判断。

手中的茶杯温度降下来了，我按照许老师的建议将杯中茶汤一口闷，继续品味。茶汤入口之后，整个口腔都是温和而醇厚的感觉，实在太棒了，绝对不弱于60年代铁饼。随即，我又发现了一点区别，这道茶的温煦感确实要强上一些。茶汤咽下后，很快就在腰腹部位出现温热感，之后开始在体内慢慢散开，感觉非常清晰。

两泡喝下，回甘生津自不必说，关键是温热感以更明显的态势向四肢发散，手脚也很快暖了起来，温热的速度绝不在那道铁饼之下。

三泡入体，深入身体的温煦感遍布全身，轻松自在的感觉又出现了，思绪也沉静下来，茶舍里一片静谧。

又喝了几泡，身体逐渐适应了茶气的深度冲击，大家这才从闭目养神的状态中出来。

我实在忍不住了："这道茶的茶气太好了，绝对不弱于60年代的红印铁饼，甚至还有过人之处。这到底是什么茶？"

泉景这时才说："这道茶的名字很特别，叫广云贡，是广东和云南两省的联合作品。"

勐混很关心技术指标："这款茶是不是生茶？如果是生茶，那年头也得接近 60 年代吧？"

泉景："60 年代没错，但这道茶算生茶还是熟茶，就有些讲究了。"

我非常奇怪："如果是 60 年代，那不还没有熟茶的吗？就应该是生茶。"

勐混："对啊，这个应该很清楚才是，怎么感觉有点复杂呢？"

茶小二在一旁笑了："这个是有些复杂，我认为这款茶应该是熟茶。"

勐混："那怎么可能，公认普洱熟茶是在 1973 年出现，怎么可能在 60 年代就有熟茶？"

茶小二："别急啊，熟茶工艺的历史，我还算比较了解。我给你稍微解释一下。"

我赶紧打断："不行，不能稍微解释，要稍微详细一点解释，你这下弄得我心里很没底！好像基础概念被推翻了的感觉。"

茶小二："好好好，那我稍微讲解一下，别嫌我啰嗦。事情是这样的：其实广东人在明清时期就有'茶叶人工陈化'的工艺，具体做法很像我们现在的渥堆发酵。用这种工艺加工出来的茶，被广州人叫做'老茶'。后来经过长时间流传，这种老茶传到了港澳台和东南亚，喝的人越来越多。"

"1949 年以后，香港和东南亚对普洱茶的需求量越来越大，而当时只有'广东茶叶进出口公司'能做出口业务，国家就重点支持广东茶叶公司来对接。后来专门协调从云南往广东调运大叶种普洱茶，广东茶叶公司在云南茶的基础上添加两广的小叶种茶，最后加工出主要用于出口的产品——广云贡。"

"这里有个关键点！因为港澳台和东南亚喜欢老茶，在那段时间，内地也没有太多的老茶。为解决这个口味上的问题，广东茶叶公司搞了个专家组，挖掘民间的人工陈化工艺进行试验，最后才有了加速陈化工艺，才有了广云贡。"

"再往后好理解，云南茶叶公司在 70 年代也能做出口业务了，就想自己做加速陈化的普洱茶。但他们没有这个工艺，就派专家到各地学习渥堆发酵，熟茶奠基人吴启英就专门去广东研究过广云贡。再后来，云南普洱

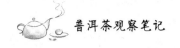

熟茶在 1973 年正式定型。"

说到这里，茶舍众人都是恍然大悟状，原来普洱熟茶的出现还有这么一段典故，广云贡可能才算是普洱熟茶真正的先行者。

我禁不住向许老师、泉景和茶小二抱拳致谢："今天的茶会意义非凡，不仅老茶让人沉醉，更让我们理清熟茶真正的来龙去脉，不虚此行！"

大家纷纷点头，再次举起茶杯认真品味杯中的广云贡！

许老师适时画龙点睛："欢迎大家到泉州品茶。"大家报以热烈掌声！

# 茶方何须待药方

手机平板、外卖冷饮、熬夜晚睡、久坐少动……互联网便捷正在塑造新的生活方式。辩证法指导我们,看待事物要分两面,在享受便捷的同时还要防范新的不便:眼睛不适、上火易怒、失眠健忘、脾胃虚寒、肩颈疼痛……之后,就得"修改习惯+吃药修复"。

"普洱茶是一种要用身体去喝的茶。"因为普洱茶在口感之外,有着其他茶类无法比拟的体感,而体感的来源是茶气。浓郁的普洱茶之气,正可舒经通络,按照个性化的茶方长期饮用,或许能少跟药方打交道,但生活习惯还得改!

文化与茶汤

茶气！茶气！茶气！重要的事情说三遍。

茶气是普洱茶最能打动我的地方，甚至茶气的强弱和走向是我判断一款茶好坏的核心指标，气香与口感的重要性则退居二线。不少普洱茶大家说过，茶气归经入络，跟中药归经情况类似。我经常琢磨这一点，原因很简单——对中医养生偏爱有加，但对中药苦口相当郁闷！而普洱茶首先是日常饮料，如果茶气好的茶还能养生的话，岂不是美翻了！但这仅仅是个猜想，到底靠不靠谱得找高人指点。

机会说来就来。话说某一天，对普洱茶已经很有感觉的生姜，要到成都找三宝老师调理身体，约我同行。我欣然应约，随身带了多款以茶气著称的山头茶和年份茶赶到成都。于是，就有了一场关于茶气与经络、茶方与药方的经典对话！

地点：成都龙泉驿

人物：坤土之木、三宝老师、生姜。

生姜姐姐在三宝老师这里调理身体已有不少年头，最初是自己来治病，后来是携家人一起来，再后来是拉朋友组团来。等身体恢复差不多了，就变成隔一两年来做一次调理，三宝老师开玩笑说这相当于做定期保养，防止过早大修。

静静诊脉几分钟，三宝老师收回手，生姜一脸期待地等三宝老师发表意见。三宝老师诊病的情况就是这样，以脉诊为主，除非病人主动开口，一般不问问题，诊完脉直接对病人的状况和病因进行说明和点评。仅就这一点，病人对三宝老师的信心就特别足。三宝老师笑眯眯地，首先夸了生姜一番，接着点评身体情况不错，显然在工作生活中张弛有度，养生的各项要点坚持得很好。生姜听了之后，心情大为舒畅，我在旁边也跟着大送"高帽"。

我不说话还好，一张嘴倒把老师的注意力吸引了。只见老师转过头来看我，我当时心里就一咯噔！果然，老师半玩笑半严肃地再次批评了我。老师一直对我反复强调"动则生阳"，显然我这个胖子仍然处于运动不足的状态，实在惭愧！

身体调理环节完成，我们转到下一环节：品茶！这也是此行我最期待的环节。

# 讨论主题之一：茶气归经

三宝老师的茶室是典型的汉唐风，矮几无椅，大家席地而坐。三宝老师自然是双盘而坐，生姜也盘腿坐下。我这个胖子虽然双盘不了，但总算练成了正坐姿态，与茶室风格倒也协调。

茶台旁边是电陶炉和煮水银壶，三宝老师一边操作烧水一边问我："坤土之木，你今天都带了些什么茶？今天想怎么喝？"

我也一边往外掏茶一边说："老师，今天我带的品类比较多，既有不同山头的，还有同一山头不同年份的。老师你看看，我们选哪几款来喝比较好。"

生姜看着茶台上那一堆茶叶袋，惊呼了一声："你怎么带了这么多种茶！今天哪里喝得了这许多！"

我连忙给她宽心："放心放心，不会都喝，我带得多主要是为了有挑选余地，我们最多喝个五六种茶。"

三宝老师也笑了："嗬！还真不少种，这些茶都不一样吗？"

我赶紧解释："这些生茶倒是都不一样，是不同山头的茶。但熟茶都是无量山千家寨的，就是年份不太一样。"

话刚说完我就发现有个细节不对，就赶紧补充："熟茶有两款是同一年的，但做法不一样，这两款一定要喝着对比一下。"

三宝老师还是想先听我说，就又问了一句："说说你的想法，你想怎么喝？"

我思考了片刻，斟酌着说："我的核心想法是想让老师确认一下茶气入经络的情况，是不是跟我们喝的体感相似？然后，想确认一下生茶和熟茶的茶气有什么不同。"

生姜听到这里，兴奋地插了一句："这个主意好，老是听到讲茶气茶

153

气的，我还真想知道一下茶气到底是怎么回事！"

这下轮到老师思考了，过了一会儿，三宝老师说："这样吧，还是按照先生茶、后熟茶的顺序来。具体生茶里面喝什么顺序，可以按照你的想法来。"说着拿出了一把朱泥壶。

我点点头递过去一包茶："那就先来一款往脚底走的，不过我记不住山头了。再来两款我认为是走胆经的两款，一款景迈山的，一款布朗山的。"

生姜听完诧异地接了一句："有这么复杂吗，不都是云南的普洱茶，还走这里走那里的？"

我接上话头："是啊，我也觉得奇怪。虽然都是普洱茶，的确体感有很大不同。老师以前跟我说过，古树茶产地不同，体感可能会不同，让我注意收集有特点的茶，以后好研究。这不，我就把这几年喝过的特点突出的都带来了，让老师给确认一下。"

三宝老师泡茶的手法特别柔和，虽然总是自称泡茶业余，但我却觉得老师泡的茶韵味更足，变化更丰富。

不一会儿，第一泡茶就来了，轻轻抿了一口，那种熟悉的柔和气息很快充满口腔，比我自己泡的好太多。生姜喝了一口，也发出一声赞叹。

因为是在找茶气的走向，我们三人都不说话，只是静静品茶。大约喝了有五到六泡的样子，老师不再往壶中注水，抬起了头。我顿时精神一振，聚精会神地听老师说什么。

老师放下茶杯，不紧不慢地点评："这款茶是很有意思的，的确是有顺着腿往下走得情况，而且还走得比较深，是顺着少阴经走。估计肾气虚的人，这时候涌泉穴还会有点发热。"

生姜可能没找到感觉，看看我又转头看看老师，没说话。

我接上话头："说明我的判断是对的，不过，我们好几个人都喝出脚底涌泉发热，看来都得补补。"

老师哈哈一乐："是吗？那你们就补补吧。"接着又说："不过这款茶有个不足，应该是树龄不够大，茶气不够浓郁。"

我赶紧点头："老师这个说得对，这个茶的树龄偏小一些，可以算是大树茶，肯定到不了300年以上，但也相差不多。那要是能弄到古树茶，这款茶还能入眼吧？"

老师点头："嗯，还可以，走肾经的茶我碰到的也不多。"

考虑到后面要品的茶还很多，我就提议："老师，要不这款茶就喝到这里？反正我们已经把茶气走向喝出来了，我们再试试这款景迈山的吧。"

老师点点头，接过茶后开始了新的一道茶。也是喝了五六泡的样子，老师也给出了茶气走向的判断：入胆经上行。

接着又喝了一款，老师的判断是：入胆经，先上后下。

很快又尝了一款，老师的判断是：入肺经。

喝到这儿，生茶中我特别想让老师尝的那几款都上场了。这时候我也感觉生茶喝的有点到位，就提议说："剩下的几款，特点没有刚才那么突出，就留给老师慢慢品尝吧。"

话音刚落，生姜马上高兴地说："好了，好了，生茶喝太多了，今天喝这么多可以了，再喝我又要吃东西了。"

老师也点点头："这几款生茶都太新了，劲头有点冲，就喝这么多吧。等会儿得多喝几口熟茶，把气收下来。"

熟茶茶汤

生姜刚刚一直没怎么说话，见开始中场休息，问了一个问题："三宝医生，为什么同样都是普洱茶，却有这么大的不同？你刚刚说的这个茶气到胆经、肾经的，跟中药的那个讲法是一回事吗？"

我插了一句："你这是两个问题。而你问的第二个问题，也是这次我特别想知道的。"

老师举杯喝了一口茶，开始发表观点："那就分成两个问题来讲。首先说说茶气入经和中药归经这两个是不是一回事儿。简单说吧，这两个情况算是原理一样，都是气顺着经络行走，说入经也可以，说归经也可以。"

我和生姜都点头表示理解。

"但是！"老师话锋一转，接着说："这两者虽然原理相似，但区别也还是有的。首先，茶气入经的显著程度要比中药归经来的强。就比方说我们刚刚喝的几款茶，你们都能感觉到沿着经络不同部位的温热变化，对吧？"

我和生姜又都点头同意。

老师接着说："那你们想想，你们也吃过不少中药，能在身上找到这么明确的感受吗？"

我和生姜又都摇了摇头，接着又都点了点头。生姜问了一句："那三宝老师，我想问一下。如果中药材的感受不明显的话，那以前的人是怎么知道什么药归什么经呢？"

老师笑了："你这个问题问得好！要说中药归经怎么发现的，还真有点难度。我个人认为是有两个方法：一种方法是根据药材的形状、颜色、味道、取药部位和生长情况，用中医理论进行推导，然后再经过医患的实际体验来确认；另一种方法听上去有点玄，就是古代有些练功夫的人能把身体练得很敏感，然后把服药后药气行走的情况记录下来。这样慢慢积累，药性归经的情况就出来了。"

我兴奋地接过话头："老师这个说的有道理，我还真是单独吃过一些药材，甚至连15年的野山参都吃过，也没感受到什么体感变化。普洱茶气入经的感受的确更明显。为什么会这样？"

老师笑着说："没准你吃个百年野山参就能找到感觉。个人觉得原因有这么几个：一是茶性属木，所以容易入肝胆经，而且茶叶又是树梢末端

156

的东西，木性条达嘛！气感就会明显一些。二是树龄的问题，我们刚刚这几款茶，树龄小的也有二三百年，大的有五六百年吧？你要是喝台地茶，肯定没这么明显的感觉。"

我禁不住一拍大腿："完全同意，我后来为什么放弃喝台地茶？就是因为找不到体感！"

生姜来了一句："那这么说，岂不是普洱茶的力量更大！喝茶就可以不用吃药？"

老师赶紧接话："这话有点问题。茶的确有些时候当药用，但可不能说就不用吃药了。有些病，再好的普洱茶也治不了啊！"

生姜点点头："那倒也是！还有一个问题没回答，为什么都是云南产的普洱茶，茶气走的地方会不一样？"

老师端杯喝了一口茶，接着说："这个问题好回答，跟前面讲的普洱茶气和树龄还有点关系。"

这时候，我接了一句："这跟法国葡萄酒的情况有点像，哪怕两个酒庄只隔几公里，酿出的葡萄酒味道都会不同。虽然说土质、水源和光照会有点不同，但不太好解释怎么会有这么大的差异，后来法国人就发明了一个挺神秘的词——'风土'，来解释这种差异。"

老师点点头："有点这个意思。我们展开一点讲，为什么树龄大的茶容易有茶气？显然是因为树龄大的茶树，根长得长、扎得深，能从更深的地方、更大的范围里吸收东西，你说地力也可以，地气也可以。而不同的地方，地气肯定是不同的，用现代语言讲，土质有差异，茶就不一样。除了地下因素的，再考虑一下地上的因素，光照、降水也不一样啊。地上、地下一起影响，茶的区别就出来了，茶气走向不一样就是这么来的。"

生姜和我又都点头。

老师意犹未尽："简单说吧，树龄大的茶树，吸收当地的天地精华比较多，不仅茶气强而且能形成自己的特点！这其实跟地道药材的道理有点相似。"

生姜频频点头："那三宝老师，我想跟你确认一下，是不是只要树龄够大，就会有茶气，就能有好茶，不管是不是普洱茶？"

老师略略思索了一下："大致可以这么理解，但是生长地方不同茶气

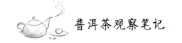普洱茶观察笔记

会有差异。除了云南，还有哪里有大树龄的茶树？"

我想了想："如果按 300 年这个标准，可能就是相邻的四川、广西、贵州有成片古茶树，广东潮汕也有一些，其他地方没怎么听说。"

老师点点头："除了潮汕，其他地方都属于西南，还是坤土这个方向容易有嘉木啊。"

生姜眼睛一亮："坤土之木，你这个名字就是这么来的吧？"

我笑着点了点头，然后问道："老师，你刚刚说茶气入经和中药归经的区别好像不止一点，现在只说了一个体感更显著。还有什么不同的地方？"

老师呵呵一笑："对，你不提差点忘了。至少还有一点区别比较明显，也许不好理解，你们就听我随便一说。说归经，就得说经络。按照中医教材里的说法，经络主要就是十二正经，加上奇经八脉什么的，对吧。"

我点点头。

老师接着说："我喝茶这些年发现，有不少普洱茶的茶气能在体内走得很深，而且很有意思，有时候并不是按照书上说的经络走。我有一种猜测，可能茶气能够在某些地方发挥很大的药用，只是现在还缺少总结。"

我顿时精神一振："还有这种情况？！那很有意思，绝对值得深入研究。"说到这儿，我发现有点口干，又想喝茶了，于是提议，"师父，刚刚说的内容让我获得感满满。我们要不要接下来喝喝这几款熟茶？这里也有茶气入经的情况等老师确认！"

老师欣然点头，我就接着从背包中把熟茶翻了出来。

## 讨论主题之二：茶方配伍

生姜看着我在那里一袋一袋的整理茶包，忍不住问了一句："坤土之木，你带了多少熟茶，怎么感觉比生茶的种类还多。"

我哈哈一笑："熟茶的包数是不少，但种类没有生茶多，我刚才说了，都是千家寨的熟茶。"

158

我话锋一转："不过呢，这些茶的年份基本都不太一样，再有就是树龄也不太一样，茶就显得多了些。今天其实最关键的是那个拼配茶，想让老师点评点评。对了，就是你上次喝过的那款五行茶。"

五行茶

生姜："是吗，我觉得那款茶很好喝！今天正好听听老师的评价。"

三宝老师貌似也比较感兴趣："好啊，这个茶听你说了两年了，今天我们品一品。"

我嘿嘿一笑："老师，今天这个熟茶的喝法，让我来排序吧？"

三宝老师："行，随你安排。"

我就低头翻找了一通，仔细看了看标记，然后递给老师一包茶。

老师打开茶包闻了闻，点头称赞："茶气浓郁！树龄不短！"

老师再次启动了柔和泡茶模式：温壶、洗茶、出汤、入杯……

我们静静品了五六泡，堆味渐渐散去，茶汤浑厚，回甘清晰，一股不同于生茶的温热感在体内缓缓散布开。

生姜赞叹了一句："熟茶喝了就是暖，三宝老师泡得又柔和，这个感

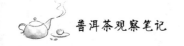

觉很舒服。这款茶我以前喝过吗？"

我笑了笑但没作声，转过头去看三宝老师。

三宝老师放下茶杯，慢慢说道："这个茶不错，应该比我之前喝到的要新一些，但内在特点很一致，是千家寨的味道。这款茶走脾经和胃经，健脾养胃的效果应该不错。"

我这时接过生姜的话头："这个茶你喝过的，这是 2015 年的头春熟茶。"

生姜诧异了："不会吧。这个味道很柔和，我们以前喝 2015 年茶的时候觉得有点冲，哪有这么温和的。"

我就笑了："这是古树茶的特点，不同的人泡会有不同味道！这下知道为什么我不泡茶，光辛苦老师了吧。老师的气场比我好太多，我泡就没这么好喝。"

生姜点头："这个倒总是听你们说，不过你们几个人泡得时候，虽然味道有点不同，但差别没这么大。我都觉得是另一款茶了！"

我这下无语了："收到！感谢生姜姐姐对我的鞭策！"

三宝老师和生姜同时笑了起来。

接着我又找出一包茶，递给三宝老师。

这款茶一入口就很好，堆味儿很微弱。喝了也有七八泡，真我说了："这款茶不错，我肯定没喝过。"

三宝老师也说："这款茶确实不错，茶气柔和不少，比上一款茶转化得好，这茶是哪一年的？"

这下轮到我笑了："老师，真我姐姐，实不相瞒，这还是刚刚那款2015 年的茶。"

三宝老师和真我顿时都露出一副不可思议的神情。我就接着解释说："这两款茶唯一的区别就是存放地点不一样。前面那一包是放在北京茶仓的，后面那一包一直放在云南普洱的茶仓。我们之前也没有想到会有这么大差异，云南那边的茶叶转化的特别好。北京可能是因为太干燥了，转化很慢，所以喝起来还比较新。"

三宝老师感叹："天地之气啊。不同地方的气场不一样，没想到对茶的影响这么大，我也学到新东西了。不知道成都放茶的效果怎么样，以后我也要注意感受感受。"

我接过话头："成都的储存效果我们可以慢慢试。说起来，普洱茶在国内的传播还是有限，以前讨论茶仓存储的时候，只是考虑干仓、湿仓的概念，没太考虑地点差异。其实就算是干仓，不同地方的区别也很大。"

生姜这时候一拍腿："我明白了，难怪听你们说有些茶放在普洱不拿回来，一定是这个原因。"

我笑着说："你答对了，我们现在基本可以确认云南普洱那边转化效果更好，所以平时不急着喝的茶，就放在那边。"

一边说着，一边又递过去一包茶。

老师照旧打开闻了闻，闻过之后轻轻咦了一声，然后提高声调称赞了一声："嗬！这个茶气浓，应该很有劲头。"

我们照旧在安静状态下喝了几泡，茶汤的厚度明显增加，生津回甘的效果也很显著，最关键的是茶气也浓郁了许多，温热的感觉很快遍布全身，额头更是微微见汗。

品茶

我转头问生姜："你猜猜这款茶喝过没有？"

生姜摇摇头："我不猜了，三宝老师泡的茶汤提升太多，我都不敢猜喝没喝过。"

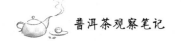

我笑着说:"这款茶你喝过,老师没喝过。就是刚刚说过的五行茶。"

生姜紧接着说:"我就说嘛,我不能猜了,茶汤都变了,猜不出。这个五行茶老师泡得太好了,感觉茶气都走到身体很深的地方了,全身都暖。"

我转头问老师:"老师觉得这茶怎么样?"

三宝老师说:"喝的时候就隐约觉得茶汤里面有些不一致的地方,原来是这个原因。这个五行茶的茶气要强不少,不论口感还是体感都比单一年份的强一些,而且茶气走向也更宽广,不像刚刚那两款茶走比较单一的路径。"

我忍不住插了一句:"还有一点很特别,这款茶的树龄要小很多。前面那个头春茶的树龄平均在500年上下,这款茶的树龄平均也就二三百年的样子。结果这个树龄小的茶反而显得茶气更足,味道更丰富。"

生姜一听眼睛亮了:"这款茶这么有意思,以前光觉得喝起来很好,没想到树龄反而是小的?那我要买几件存起来。对了,为什么这个树龄会小呢?"

这是个好问题,我面朝生姜认真回答:"这个茶最初的动议就是三宝老师提出来的。老师说古茶树长期采收天地精华,蓄积天地之气,如果能够按照五行五方的理念,汇聚不同地域的茶树制茶,效果可能会很好。师父的这个观点被转述给了茶小二,茶小二就说找机会试试。"

端杯喝了口茶,我接着说:"茶小二就以通常采茶的地方为中心,往东西南北各走了几十公里,又选了四片茶山。后来在收茶时才发现,这四座山上的茶树树龄普遍偏小,就是二三百年的样子。茶小二为了让树龄尽量一致,以便'五行和蕴',就在中心产区也收了树龄相近的茶。这样一来,五行茶的树龄就比头春茶小一些。"

生姜明白了:"噢!原来还有这么一段故事在里面。"

三宝老师点点头:"这个茶确实有意思,同时也印证了中医的五行思想。这个茶我喜欢,我也要买一些,你记着让茶小二帮我留一些。"

我兴奋点头:"收到!"

三宝老师端起茶杯,若有所思地闻了闻,然后看着我轻轻说到:"用中医的原理配茶还可以再深入一些,现在是大框架的五行拼配,你们还可以再试试天干地支的方法，或者是五运六气的方法。还有一点，范围也可以再大一点，不要局限在千家寨。"

我一边点头一边琢磨，用什么方式做下一步尝试更好呢？

生姜又问出了一个经典问题："天干地支我听过，五运六气是什么东西啊？"

三宝老师呵呵一笑，扭头看我，意思是让我解答。

我一下就愣神了，这个概念虽说我略知一二，但也太专业了吧，这怎么介绍为好呢？

思考了几秒钟，突然灵光一现，就抬头笑着说："五运六气这个概念太专业了而且也太基础了，不太好解释清楚。不过，我有一个故事，能让你大概理解它的意思并且保证能记住！"

真我这下也来精神了："那太好了，你给我讲来听听。"

我清了清嗓子，准备长篇大论一番。三宝老师显然猜到我要讲什么了，微微一笑，转头把我面前的茶包都划拉过去了。老师这显然是暗示我讲多久都行，他要摆弄这些茶了。

那我就放开了："五运六气主要讲年份、气候变化对人健康的影响。因为这个理论涉及很多特别基础的东西，细节我就不讲了。但我可以一个故事给你讲讲它的神奇之处。"

三宝老师突然插了一句："这些茶包上标年份的都是当年的纯料茶吗？"

我点点头，然后接着说："生姜姐姐，你一定记得十几年前的'非典'吧。这个事情对我影响太大了，就是因为这件事情，我才彻底喜欢上中医。"

生姜点头："这个事情当然记得，那么有名，当时还挺吓人的。你怎么会因为这个事情喜欢上中医呢？"

"事情是这样的！"我就把当年跟小诸葛讲过的故事又向生姜转述了一遍。

生姜听完眼睛瞪得更大了："还有这样的事情？《黄帝内经》这么神奇？"

"对啊！"我郑重点头，"正因《黄帝内经》的五运六气理论准确预测

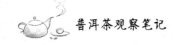

了'非典'的情况，我才彻底迷上中医！你有空可以回去翻书看。"

生姜："那我是要回去看一下，那既然五运六气这么厉害，用这个理论来拼配茶叶，岂不是牛得不得了?!"

"那我们就试试新的配方茶吧！"三宝老师突然插了一句话。

这时就见三宝老师用电子秤称了一些茶，正要往茶壶里倒，我发现茶壶里还有其他茶。我赶紧问："老师，你这是怎么配的?"

三宝老师："哈哈，保密！你这些茶上不都标着年份吗，我就根据干支情况分别取了几种茶，按一定克数拼在一起，我们试试怎么样。"

生姜和我一下都兴奋了，很好奇会是一种什么样的感觉。

依旧是静静的，我们一泡一泡地慢慢喝。口感不错，茶汤很厚重，香气也不错，入体之后的温热感非常清晰，但不知道是不是前面几泡茶累积的效果。

不知不觉十几分钟过去了，我打了个哈欠，有点疲乏。再看生姜，好像也有点没精神的样子。

又过了一会儿，我感觉整条腿热起来了，不是某条经络的感觉，是整条腿开始热了，这绝对是新体验。想问问是怎么回事，可是又有点懒得开口，就继续喝。

三宝老师说话了："这个茶气有意思，我模拟了一个入脾胃后向下走的状态，果然是这样。茶气整体往下走，能把上半身的虚火收下来，顺便温一下腿脚。"

我听了若有所悟："老师，难怪我刚刚有点疲乏的感觉，是不是虚火下行的缘故?"

三宝老师笑了："对，就是这个原因。这个茶真不错，可以用来做更精细的配方茶，有空我们好好研究一下。"

生姜："那三宝老师，能不能根据年份和每个人的具体情况，做专门的配方茶？这样是不是可以帮助调理身体?"

我也很受启发："老师，是不是可以这样操作？另外，刚刚你配的这款茶是不是特别适合我?"

三宝老师："应该可以。那你们要多找一些山头，另外把年份也多找几年，就可能拼出更多的茶方。"说着话又转头对着我说，"这个茶方适合你，我刚才也是考虑了你的情况配的。"

我嬉笑着问："老师，这个茶方具体怎么配，能告诉我吗？我以后多拼点这个茶喝，嘿嘿。"

三宝老师："配方先不告诉你，你自己回去试，看看能不能根据原理把方子试出来。我可以提示一下，从土入手，汇聚土气。"

我撇撇嘴："好吧，那我回去自己试。"

接着又念叨："我得给这茶方起个名字，方便记忆。土是关键，汇聚土气。就叫土蕴得了。"

生姜接上了："这个名字不错啊，好像跟你那个'五行和蕴'挺般配的。三宝老师，什么时候帮我也配个茶方？"

三宝老师转头看着我："这个任务就交给你了，你先摸索一下，然后给生姜设计设计。"

我这下认真点了点头："好的。我努力理论联系实际，争取有所建树！正好，老师，你能不能借此机会讲讲普洱茶与养生的基础知识？"

普洱茶与养生的关系，显然也是生姜特别关心的话题。生姜当即响应："三宝老师，这个话题我喜欢，你一定要给我们讲一讲，哪怕是一点点也行。"

三宝老师："这个话题我也没有专门想过，既然你们感兴趣，就随便聊聊，想到哪里说到哪里。"

生姜和我鼓掌欢迎！

## 讨论主题之三：以茶养生

在我们的热情期待下，三宝老师闭目酝酿了一会，开口说道："从哪里说起呢？要不你们先提提话头？"

"啊?!"我们差点晕倒。

三宝老师不好意思地摸了摸头："刚想了一圈，头绪有点多，没想好怎么起头。要不，你们提问我来答？"

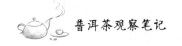

我当即笑了："哈哈，这个方式不错，我喜欢。我们模仿一下古人，来一个胖瘦问对！"

生姜："胖瘦什么?!"

我答："问对。《黄帝内经》里就是有问有答的，因为问答发生在岐伯和黄帝两人之间，就有人把《黄帝内经》叫做'岐黄问对'。你看看我和三宝老师，一个胖，一个瘦，不就是'胖瘦问对'吗？"

生姜翻了翻白眼："原来是这么个胖瘦问对啊。"

三宝老师："也没那么高雅。那你们就开始问吧。"

这下又轮到我和生姜不说话了，互相望了望。生姜说："你别看我，你主问，我就是听。中间想到什么了我再问。"

我清了清嗓子，开始发问："老师能不能先从总体上，讲讲生茶和熟茶的养生功效或者作用机理？更具体地东西后面再说。"

三宝老师点点头："可以，那先讲生茶。总的来说，生茶在没有变成老茶之前，不管茶龄多大或者是哪个山头的，茶汤入口的最初阶段，都有茶气向上升发的情况，能起散热的作用。对了，如果是特别新的生茶，尤其是当年新茶，因为略有寒性，还会有清热的效果。记住，散热和清热不一样，这一点要注意。简单说，除了年头特别久或者特别新的，生茶一般具有升发散热的作用。"

这一点我很有体会，于是频频点头。

三宝老师接着说："具体到不同的生茶，茶气入体走行的情况还会有不同情况，彼此之间的差异可能很大。比方说，有的茶气会走特定经络；有的茶气在升发之后还能沉降；有的呢，茶气只升不降；还有的会出现升发之后盘旋的情况。这些细节情况以后有机会再说。"

生姜："还有茶气升上去以后会盘旋？这么有意思。"

三宝老师："是很有意思，这个光说没法理解，等什么时候你喝到这种茶，就明白了。"

我接着问："那熟茶的情况是？"

三宝老师："熟茶的情况不同。因为熟茶制作中有一个渥堆发酵的过程，茶性就有很大的变化，熟茶不走升发的路子。熟茶的茶气总体上有温中和沉降这两个特点。当然，比较新的熟茶可能有些火气，这样茶气也会

166

往上走。熟茶等个两三年，火气就能大体退下去，这时候就会比较显著地走入中沉降的路线。"

"当然，不同熟茶的茶气也有差异，比如有的就是直接温中，就是温胃健脾的意思；有的呢能走的更深一些，能继续往丹田汇聚，然后出现热力往四周散射的情况；还有的能在中焦停留一段，之后顺着腿往下到足底。"

"简单说吧，生茶总体来说向上升发，熟茶总体来说是温中沉降，这是他俩的整体特征。"

生姜和我频频点头，生茶和熟茶的茶气运行，算是有了整体认识。接下来，我想问点更具体的东西。

我从身旁朋友们的情况入手："老师，身边一堆长期坐办公室的人，都想有日常调理亚健康的办法。比方说，有些朋友脾胃不太行，不敢喝凉水，也不敢喝绿茶什么的；还有的呢，睡眠不好，经常加班或者压力大，晚上睡不好；还有一些更常见的现象，比方说肩周、颈椎不好，腰椎也不好。林林总总吧，金融民工出现这些问题的概率很高。我关心的是，有没有哪些情况可以通过长期喝茶来改善？"

三宝老师："你这一下子问了一堆问题。咱们得一个一个来，有的可能喝茶帮助很大，有的只靠喝茶可能解决不了根本。"

我又想到一点："老师，不好意思，我打断一下。还有一个常见情况，就是不少人看手机和电脑的时间越来越长，眼睛有时候不舒服，这个喝茶的帮助会不会很大？"

三宝老师笑："还有别的情况没？干脆一起问了。如果没有，我就按照你问的情况一个一个讲。"

我点点头："一下子就想到这些，暂时貌似没有其他的。"话音未落，我就觉得不太妥，就嬉皮笑脸地说："老师，那不好说，等会儿如果突然想到什么了，我再问哈，嘿嘿。"

三宝老师："行。我们先说说你刚才的第一个问题，脾胃方面的情况，对吧？"

我下意识地摸了一下胃部，说："嗯，这个问题比较受关注。"

三宝老师："脾胃的问题不是几句话能说清楚的，我们简单说几个要

点。首先可能是脾出的问题，搞金融的脾真容易伤到。'思伤脾'，长时间处于思虑过度的情况，是会伤到脾的。如果吃饭以后觉得饱胀，或者不容易消化，再或者体型偏胖或偏瘦，就可能是脾气虚的情况。"

生姜："是脾气不好的意思？"

三宝老师："哈哈，那可不是！这里讲得不是平常说的脾气，而是指中医里'气血阴阳'的概念，是说脾的气不足。"

"按照中医的说法，脾与胃是一种表里关系，表面上看是胃负责消化，实际上是脾在里面推动胃去完成消化。脾不好，就不能真正消化食物。"

"如果脾气虚的情况进一步严重，再增加了寒象，就可能达到我们说的脾阳虚的地步，这时候很容易腹泻，一吃冰的东西就不行。再严重点的，喝凉水或者受点凉都会拉肚子，这种情况就要注意调养了。"

生姜："还有那么严重的情况？"

我小声回答："有，我自己就是亲身经历者。以前我脾虚严重的时候，冬天坐一会儿户外的椅子，都可能肚子不舒服。那段日子，真是不堪回首。"

生姜："啊？对了，有一段时间你一直在老师这里吃药，是不是在治这个毛病？"

三宝老师："他以前身体上的问题可不止这一点，毛病多了。如果用100分来打比方，他身体状况最差的时候可能就30分上下。"

我不好意思了："之前有一段时间身体确实比较差。后来在老师这里集中吃了将近两年的药，很多毛病调好了。当时最直观的感觉是鼻炎好了，这可让我少吃很多苦头。"

生姜："那你现在好了没有？"

我声调变低了："哪方面？脾虚这方面好太多了。但从总体上，老师还是觉得我有点弱，没有达到他的预期。"

三宝老师："没事，慢慢来，你们这样的工作、生活状态，不大改的话，调起来可要花大功夫。不过，单纯就脾虚的问题来说，你的确已经恢复不少。除了前几年吃药的因素，这几年你大量喝熟茶也很有帮助。"

生姜："那脾胃不好的人如果一直喝熟茶，就有希望调好？"

三宝老师："很有希望。我前面讲过，熟茶最直接的作用就是温中——温胃健脾！树龄越大的茶，茶气越足，效果就越好。对了，如果用刚才那个'五行和蕴'，还有那个配方茶，效果可能更上一个层次。当然，喝熟茶要形成习惯，长期坚持才能看到效果。"

"接着往下说。刚刚说的是脾方面的问题，还有可能是胃有问题。比方说有人喝了绿茶胃就不舒服，这个情况有可能单纯是胃寒，但处理方法一样。喝熟茶温胃，长期坚持！"

我连连点头："难怪我喝熟茶这么来劲，是因为身体真需要，所以喝起来就舒服。"

"以前光知道脾胃不好的人适合喝熟茶，里面的道理倒没好好了解。今天好了，算是系统性提高。那老师你再讲讲睡眠方面的问题，怎么用喝茶来调理。"

三宝老师抿了抿嘴："睡眠的问题要比脾胃问题更复杂，这个怎么讲呢？"

我就说："老师以前就说过，导致睡眠出问题的情况特别复杂。那能不能这样，我们删繁就简，选最常见的两三种情况说说，不用全面展开。"

三宝老师："那我们就说说两种可能的情况。一种是实的情况，有热有火而且瘀住了。单纯这种情况的话，应该是先喝生普，然后用熟普把气收下来，这种喝法会有一定效果。"

"还有一种情况是虚的情况，典型如心血不足造成失眠。这种情况就应当考虑直接喝熟普，慢慢也能有所缓解。"

"但是，大部分人可能是虚实夹杂。要从更宽泛的角度讲普洱茶喝法，还是先用生普，把上面的热散一散。比方说感觉出汗了，包括头、腋窝这些地方都出汗了，就有散热的效果了。然后，接着喝熟普。"

我眼睛一亮："老师，那对大多数人来说，是应当每次喝两道茶？先一道生普，再一道熟普？"

三宝老师："对！这个搞清了吧，下一个问题是什么？"

生姜："肩、颈椎、腰椎不舒服的问题。"

三宝老师："啊！这个问题现在确实常见。不过这个问题的解决最好是靠运动，然后喝茶做一些辅助。"

生姜笑着看了我一眼，我翻了翻白眼。

三宝老师："肩、腰椎、颈椎的问题为什么麻烦呢，因为涉及肌肉层。多数茶可能都起不了什么作用，要说还真就是普洱茶的帮助稍微大一点儿。喝什么茶呢？个人观点是喝年头比较久的老生普，这样茶气能先走上去然后又降下来，形成一个循环。还有就是老生普的茶气能走得比较深，能作用到肌肉层。茶气走起来以后，身体不适的地方就会出汗，持续用一段时间，应该会有辅助效果。"

我一下子明白了："啊，对。我喝过寥寥几次的老生茶，那种茶气的行走效果确实要比新茶浑厚得多，原来还有这个作用！"

生姜一下抓到关键点："可老生茶也太少了，又贵得不得了。不会买的话，买到假的不就麻烦了！"

我嘿嘿一乐："我觉得老师的意思是，在这个问题上应该以锻炼为主，如果有老生茶那就用用，没有的话再说。"

三宝老师："是这个意思，你们调养身体还是应该多动多锻炼，别指望着动动嘴就能解决问题。"

生姜："那也没事，现在老生茶少，有就喝，没有就算了。但我可以开始存茶，等个二三十年，不就有老茶喝了吗？"

三宝老师和我都连连点头。

三宝老师："还有个什么问题来着？"

我赶紧继续问："关键问题，看手机看电脑多了，眼睛不舒服，怎么喝茶为好？"

三宝老师想了想："这个问题我们也可以大致分两种情况，一种是电子产品看多了会有火，这个处理起来简单，那就是喝生茶清热去火。还有一种情况，眼睛不舒服发展到了伤肝气，这就要从健脾的角度考虑。"

生姜懵了："三宝老师，你不是说伤肝吗？怎么又去健脾？"

三宝老师笑着看我："能想出来为什么吗？"

我心里一哆嗦，貌似冷静地回答："这个概念我好像在哪里见过，让我想一想。"

搜肠刮肚一番，答案还真想出来了，我立马提高声调："《金匮要略》里讲：'见肝之病，知肝传脾，当先实脾。'所以看手机到了伤肝气的地步，就要多喝熟茶来健脾，从而有助于恢复肝气，对吧？"

170

三宝老师面带笑意："差不多是这个意思。所以还是得生茶和熟茶搭配着喝！"

生姜："这个听上去太复杂了，我搞不懂。反正我就记住要先喝生茶，再喝熟茶！"

我感慨了一下："刚才这些内容，太有价值了，原来是模模糊糊地知道喝茶有好处，但总觉不通透。今天算是取得了突破性进展，我可以按照老师的指导进一步深入体会和提高！"

三宝老师："很好，这个方向值得探讨，慢慢把更细的东西总结出来，再配上好一点的茶，也许不少问题不用吃药靠喝茶就搞定了！"

生姜："现在像我们这个年纪的，有不少人喜欢静修调养。如果静修的时候按照茶方喝茶会不会效果更好？"

三宝老师："这很有可能。好茶既能帮人入静，又能通经活络，效果应该会有提升，不过好像还没有看到这种模式。"

我忽然来劲了："我有个朋友在江西丫山搞了个休闲养生的地方，人文自然环境都不错，硬件条件也不错。他现在也喜欢古树茶，我哪天把老师讲的内容跟他传递一下，看他有没有兴趣试试茶与养生的结合。"

生姜："这个地方我听你说过，好像是一个儒释道文化交汇的地方？"

我点点头："对，尤其在儒家文化上的影响力大，那里是儒家大牛王阳明一生的关键之地。"

三宝老师："噢，那听上去不错。说起静心，喝茶还真有这方面的帮助。坤土之木，如果你那个朋友有兴趣，你可以在那里实践一下以茶养生，如果需要我帮点小忙，我也可以去那里看看。"

生姜和我热烈鼓掌！

# 普洱投资放眼量

物以稀为贵，好的东西大家都喜欢，好东西少了就会抢手！如果一个供不应求的商品，同时拥有像房子那样的稳定生命，就很可能成为一种投资品，价值会随着存世量的下降而上升。在过去的几十年里，多款陈年老茶在圈内成了投资经典：大白菜、88青……

实物投资，往往需要耗费一段时日才见成效，炒房再快也得一两年。如果这个东西不能像房子那样搬不走、挪不动、风吹不倒、雨打不坏，就会有个小小的不妥——保真吗？保质吗？所以，房子以外的实物投资真正流行起来的并不多。葡萄酒投资为什么发展得不错？因为葡萄酒银行！那么，没有普洱茶银行，普洱茶能投资吗？

听说过人口结构吗？老人越来越多，年轻人越来越少是最简单的描述，细节描述会让我们更加关切未来。退休人群需要什么？答案可能是：精神世界的滋养，身体层面的安康，还有财富水平的保障。普洱茶能起到什么作用？茶道文化中的安宁平和，长期品饮中的健康养生，陈茶投资中的财富升值。这一切能做到吗？让我们也从娃娃抓起！

　　媒体报道了最新出炉的世界十大银行排名，一时兴致所至，便把过去50年每隔10年的变动情况整理成一张表：50年世界十大银行变动表。有事没事就会看看这张表，突然一天大有感悟，便急不可耐地想约几位金融界人士好好聊聊。川普和易武，作为资深金融民工头，首先被我列入邀请名单，然后又约了另两位少壮金融民工头——勐混和天线宝宝，一同到茶舍品茶。赶巧两位自由投资达人阳光和老鹰正好得空，便被我一并约了。

　　地点：北京马连道

　　人物：坤土之木、川普、易武、阳光、勐混、天线宝宝、老鹰、茶小二

　　下午一点时分，我们在茶舍聚齐。

　　话题从世界十大银行的最新排名情况展开。十大银行的历史变动大致是这样的，20世纪70年代十大银行以美国的银行为主，90年代十大银行开始以日本的银行为主，现在到了以中国的银行为主的阶段。而在推动这一变动发生的原因上，大家也得出共识：地产、汽车消费的高峰阶段容易出现大银行。

　　不知不觉，两个小时在愉快的讨论和争论中过去了。一直在旁边默默听讲的茶小二来了一句："各位，你们聊得差不多了吧，现在3点，该开始喝茶了。"

　　众人纷纷点头称是，接着把椅子全部转向茶桌。

　　就在茶小二开始烧水取茶的当口，天线宝宝轻声问了一句："茶小二，今天喝什么茶？"

　　茶小二："年份茶、配方茶随便挑。"

　　勐混："听你说有个配方茶特别有劲，我建议试试配方茶，大家意下如何？"

　　说话的同时他扭头看大家，发现我正抿着嘴笑，就追问："坤土之木，你笑什么？"

　　我微笑解释："没想到配方茶在茶小二的鼓吹下，已经这么有名了。本来我还想隆重推荐一下。"

阳光："刚刚聊了半天的地产和股票话题，不知怎么让我联想到了国外的葡萄酒投资，接着又想到了传说中的普洱茶投资，要不我们接着聊聊这个话题？"

在座的都是普洱茶爱好者，加上又在金融投资领域工作，普洱茶投资的话题显然比较受欢迎，于是纷纷表态支持。

## 讨论主题之一：普洱茶投资，值吗？敢吗？

阳光："坤土之木，你专门研究过葡萄酒投资，我记得你是从消费升级和人口结构两个角度去分析的。那这个分析能不能套用在普洱茶上？"

川普："对啊，我听不少人说你研究人口结构十几年，观点很有冲击力，你正好用这个机会给我们讲讲，怎么样？"

其他人听了也很有兴趣，纷纷表示同意。

我笑着回应："行啊，那就借这个机会跟各位大拿简要汇报一下。说之前先回应一下阳光的问题，我觉得分析逻辑是可以借鉴的。那我就先讲讲人口结构的情况，然后再从消费升级的角度谈谈。"

我喝了一口茶，清清嗓子开始："请大家先听我啰嗦几分钟，数据可能会稍多一些。"

"声明在先，也是特别强调一点：我不太关注人口总量这个数据！为什么呢？因为我国人口总量的情况很稳定——几十年如一日的缓慢增长，这种数据对寻找投资节点和细分行业没什么帮助。所以，我的关注点是——以人口出生数量为核心的年龄结构，下面就简称人口结构啊。具体来说，我国人口结构有两个特别典型的特征：一是频率高，二是幅度深。"

"我们首先看频率。新中国成立以来我国经历了 3 次明显的人口出生高峰，分别是：1952—1957 年的第一次出生高峰、1963—1973 年的第二次和 1987—1990 年的第三次。在同一时期，主要发达国家基本只有 1 次左右的明显起伏（日本勉强可算两次），相比之下我国人口出生波动的频率要高很多。"

"我们接着再看波动幅度。简单来说，重点专注一下 1990 年以后的情况。1990 年是我国人口出生的一个峰值年，随后人口出生数量出现长达 10 年的高速下滑，下滑程度居然接近 60%（从 1990 年的 2600 余万人急剧收缩至 1999 年的 1100 余万人），这个降速十分惊人，大约是美、日等国人口收缩阶段降速的 3 倍。这就是刚刚提到的幅度深的情况。"

我又喝了一口茶，发现大家都在专心听，赶紧继续："这个人口结构如果用在消费分析上，能够帮助我们理解和把握一个关键基础变量——消费者数量。说的直白一点就是，我们能够预测买某种东西的人什么时候变多，什么时候变少。"

勐混很敏锐："1990 年的人现在都快 30 岁了，那么接下来就是一个年轻人总量不断下降的趋势，那对消费的影响会首先体现在什么地方？"

我哈哈一笑："汽车啊。我记得看过一个研究，说 26—35 岁这个年龄段的人在买车人群中排名第一。如果这个年龄段的数量持续下降，汽车销量就必然进入长期收缩状态，除非出现爆发性消费刺激。"

老鹰对投资很敏感："现在传统家电消费量，包括手机，都在缓慢下滑，看来跟这个也有关系。"

川普则想到了地产消费："这个年龄段的人是买房的刚需群体，那说明以后就要收缩喽。"

易武则想到了之前讨论的话题："坤土之木，我们刚刚讨论了地产消费和 M2 以及银行资产规模的关联问题。在刚刚那个分析基础上，如果叠加你说的人口结构因素，这个问题就更值得关注了。"

阳光的兴奋点则在普洱茶上："那对普洱茶的影响应该不一样。"

我点点头："对啊。这就是人口结构的另一头了，中老年群体是喝茶人的基础，年轻人这一端虽然出现收缩，但是进入中老年阶段的人数却在高速增加。我们特别看重 1963—1973 年这个阶段的人，这是我国人口年龄分布中最大的一块。这群人买什么，什么就特别火！这群人不买什么，什么就火不起来！"

"所以，之前房地产那么火，肯定跟这批人的关系很大。而无论葡萄酒还是普洱茶，总体上是跟中老年人挂钩的，恰恰就是已经买完房买完车的这群人。所以，普洱茶的消费者数量基础，会越来越厚实！"

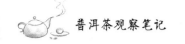

大家纷纷点头，这个判断显然得到大家的普遍认同。

我接着往下说："再说说消费升级。消费升级这个名词，在座的都不陌生，估计这几年听得耳朵都快起茧子了吧？"

"消费升级的大框架很简单，就是人们的消费首先聚焦在实物上，比方说电器、房子和汽车。但人们不会一直只消费这些，等房子车子都齐备了，就会去买更高层次的东西，比方说服务类商品。这就是大家常说的从实物到服务的消费升级。"

"总体上看，现在多数人的房车消费已经完成，这些人就要考虑新消费的方向。那么，服务消费的核心是哪些？公认的有这几项：理财、休闲、健康和文化。显然，这里能跟普洱茶挂钩的有两点：首要的是健康消费，其次有一定的文化消费属性。"

"依据这个道理，人们会把更多注意力放在健康相关的消费上。如果人们能够意识到普洱茶不仅是健康饮料，还是保健饮料的话，那消费量就可观了。再假以时日，等文化消费的属性跟上来，普洱茶消费就会再上一个台阶。"

老鹰听到这里小结了一下："那把这两点结合在一起理解，就是人们会因为关注健康而关注普洱茶，消费量会上升；又因为消费者基数不断变大，消费量就会进一步上升。是这个意思吧？"

我点点头："是的，有这种可能性。前提是普洱茶对健康的效果能够被人们普遍接受。"

阳光接上了："这个应该问题不大，现在喝茶的人越来越多，我自己就是个典型例子——从完全不喝茶变成爱上普洱茶。"

天线宝宝："需求端看起来没什么疑问，那就要看供给端了。"

我点头赞同："对！葡萄酒投资为什么能够流行，就是因为供给端符合投资的基本要素。一个要素是产量限制，再好的东西，如果数量无限也没有投资属性，只有供给严格小于需求，才有可能形成持有价值。投资级葡萄酒不仅每年的产量恒定，而且会随着日常饮用的增加，存世数量不断变少，所以年头越久的葡萄酒越受青睐！"

"再一个要素是物理稳定，如果一个东西不耐存储，容易变质或者变形，那也跟投资没什么关系。房子为什么能成为投资品，其中一点就是几十年不变样，稳定啊！类似地，葡萄酒放上几十年没有问题，而且品质会随着存储时间的增加而提高，这就更加符合投资品的要求。"

阳光精神头上来了："那从普洱茶的角度看，准确来说从古树茶的角度看，也完全符合这两个条件。古树茶的产量肯定是有限的，而且相对稳定；再一个茶也是越喝越少，时间越长越好。其实农产品的原理都差不多，普洱茶供给端肯定符合投资要求。"

勐混："其实回头看看，普洱茶升值的情况很明显。88青，这些年涨了多少倍，哪怕大白菜，现在也是一饼难求。这跟葡萄酒升值的情况的确很像，所以，我觉得普洱茶有可能成为一种投资品，尤其值得长期持有。"

老鹰轻声来了一句："这些说得都挺好，我也都同意。但是实物投资不能只看需求端和供给端，还得看看中间交易环节行不行。"

阳光："中间交易环节应该可以吧，不然那些升值的名茶是怎么交易的？"

老鹰提高声调："那我直接一点，你们在座这几位真敢投资普洱茶吗？"

阳光显然不同意这一点："没什么不敢。我们现在不是一直在买茶嘛，正好新茶价格低，然后等上个十年二十年，等新茶变成老茶，价值不就上去了？"

老鹰继续泼冷水："那你卖给谁？这么说吧，我家里有不少20年前收的普洱茶，来源可靠，存储也没问题。我就加价500倍，不用像88青那样加价1万倍，你要不要？你要的话可以收走啊。"

阳光愣了一下，然后笑了："你说的还真是个问题。我从茶小二这里买茶，不管新茶老茶，都不觉得有什么问题。但换成从你那里买茶，怎么就觉得哪里不妥呢？"

老鹰也乐了："我说吧，怎么样？普洱茶可投资的理念没错，不然也不会有那么多名茶拍卖会，价格还那么高。但是，如果真去投资，普洱茶买进容易，卖出可就难了，最后变不了现那还叫投资？目前来看，多数人是不会参与这个投资方向的，普洱茶是值得投资但不敢投资。"

川普画龙点睛："普洱茶的交易确实复杂，中间环节多，风险点就多，的确不容易让投资者快速普遍建立信任。"

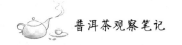

老鹰和川普的话在情在理，大家找不出什么可以反驳的地方，讨论顿时陷入冷场。

茶小二也从小兴奋状态恢复平静，就继续给大家泡茶、分茶。

阳光不服输：“老鹰，你刚才说的问题，在葡萄酒投资领域也会存在，那外国人怎么就能解决这个问题?”

刚才这一段讨论，我一直没接腔，就是微笑旁听。听到阳光这么说，我忍不住接过话茬：“阳光老兄说得对，实物商品成为投资品肯定不容易，但这个问题也不见得解决不了。”

勐混：“那你说说看，有什么可能的解决方案。”

我咂咂嘴：“我也不敢说得太肯定，但葡萄酒投资的发展经验，个人觉得很有参考价值。”

阳光：“那你别藏着掖着了，快说来听听。”

## 讨论主题之二：葡萄酒投资，为什么能行?

这个讨论让大家意兴盎然，茶小二悄悄换了一道贺开，大家喝了一口才发现是生茶。见大家发现异状，茶小二连忙解释道：“喝生茶提神，接下来好继续讨论，我也跟着学习啊。”

我喝了一口透着兰花香的茶汤，哈哈笑道：“说是讨论普洱茶，终究还是谈到葡萄酒上了。”

“老鹰刚才说得有道理，实物投资品——不考虑房子、金子这些硬通货，中间交易环节是很容易出问题，很多好东西只能在小众圈子里交流，十有八九是交易环节上有硬伤。这里面还真就是葡萄酒做得比较好。”

“个人觉得从交易环节考虑，葡萄酒投资有两点做得特别好。先说一个偏细节的，这个说起来方便：葡萄酒领域有一个公信力很高的评分体系，由专门的评酒专家给每年的酒打分，并且分数会公开发布。不管你懂不懂酒，只要知道酒的评分情况，就能大致理解一款酒的价值区间。”

趁我喝茶的时机，易武说：“有道理，这才能让不太懂的人敢参与，受众数量变大。说起普洱茶吧，知识体系挺复杂，真能说懂一些的人不会太多，普洱茶投资目前只能局限在小圈子里。"

天线宝宝："那普洱茶能不能也参考这个打法，建立起一个类似的评分或者评价体系，让普通人一目了然？"

川普摇摇头："这个恐怕比较难，普洱茶界现在还处在一个野蛮生长的状态，产品概念层出不穷，各种观点众说纷纭，很不容易形成统一的评判标准。简单说吧，普洱茶跟六大茶类的关系怎么界定，这一点就到现在都没有统一认识。"

我点点头："是啊，如果生产端还没有形成规范，这个时候搞评分体系难度太大。其实法国葡萄酒也经历了漫长的由乱而治的过程，1855年法国建立的葡萄酒分级体系，开启了葡萄酒生产的规范进程。生产端规范以后，评酒界才慢慢发展出三个评酒体系。"

阳光："这么说，在普洱茶领域建立类似的评分体系还言之尚早。但这个早晚得有，不然对茶的理解太乱，不利于普洱茶长期发展。"

易武说话不多，但总在关键之处："坤土之木，你说的第一点，我们听懂了。那第二点是什么，似乎是个挺复杂的东西？"

我向易武拱拱手："易武兄，果然厉害。从我前面那几句话里就能猜到后面的才是难点，称得上'王炸'！"

天线宝宝："那就赶紧炸！"

我点点头："这个东西叫——葡萄酒银行。叫银行显得高大上，说白了就是专业葡萄酒保管机构。"

勐混："听说过这个名词，好像还有个类似的艺术品银行。"

我抿了一口回甘明显的茶汤："是这个意思。葡萄酒银行本质上就是建立一个独立保管体系，起到降低转手次数，保障仓储效果的作用。一个专业的保管机构，肯定能保障酒品储存的长期安全，这个很好理解，就不多说了。"

"但在我看来，降低转手次数才是更有价值的地方。首先从品质角度上看，葡萄酒比较忌讳多次搬运挪动，动的次数越少，长期品质越好。如果葡萄酒在被饮用之前，一直放在葡萄酒银行，那这款葡萄酒的品质肯定一级棒！反过来，如果一款葡萄酒在不同藏家手里卖来卖去，葡萄酒品质

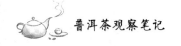

就会受点影响。"

"再一个从安全角度看，转手次数越少，偷梁换柱的风险越小。这一点在普洱茶交易里面也一样，为什么从茶小二这里买放心，从老鹰那里买不放心，就是这么个道理。"

"那么，葡萄酒银行怎么能做到降低转手次数，方法很简单，就是藏家在买卖时并不真正交割，而只是进行仓储登记上的变动。也就是说仓单拥有者可以变更，但酒品本身长期不动。"

阳光："这听上去有点像炒股票，大家买来买去，但手里没有股票，只有中登公司那边不停地做登记变动。"

我笑笑："你还别说，就是这么个道理。"

老鹰仍然在找风险点："听你这么说，我觉得存储、交易和提货环节的风险都能控制。但是酒在运到银行之前的这一段，风险怎么管理？"

勐混："这也是我关心的地方，酒在运进银行之前，还是有很多环节暴露在风险中，这个基础环节解决不了不行。"

茶小二也插了一句："对，这一点特别重要，如果这个环节的问题解决了，后面我也觉得好操作。"

我点点头："那我简单介绍一下情况，但不确定是不是能运用在当前的普洱茶领域。"

"葡萄酒银行的工作流程说起来就是三段：酒品存入、日常保管、酒品提出。就像老鹰刚刚说的，酒品存入环节才是关键。不同葡萄酒银行的做法不尽相同，我曾经梳理过多家葡萄酒银行的操作流程，整理出一些格外值得我们借鉴的地方。"

"主要有这么几点：一是酒庄直供，葡萄酒银行重点接收从酒庄直接运来的酒；二是渠道特许，葡萄酒银行会特定认可一些渠道商，只接受他们存入的酒；三是自主物流，葡萄酒银行不允许客户自行运酒，只能由葡萄酒银行自行安排运输；四是入库检验，葡萄酒银行制定了一系列的专业酒品检验流程，在入库之前会做一次专门核验。应该就是这几点，比较有参考价值，大家觉得如何？"

说完这一通，我赶紧喝了口茶，感觉茶汤生津又回甘，这个时候显得格外滋润。

在座诸位也都举杯小口品饮，没有人说话，显然在琢磨我刚刚说的内容，能不能套用在普洱茶上。

川普第一个反馈："这几点不错，但是葡萄酒银行一定不接受藏家手里的老酒吗？"

我回答道："那倒也不是，很多葡萄酒银行也会接受不特定渠道的酒，也不限于新酒，但这种情况多半是单纯提供保管服务，是否能参与交易还不一定。要知道，很多葡萄酒银行附属于大的酒业公司，他们会主动促成酒品交易，大家买起来也放心。"

勐混："这一点很关键，川普没问之前我也在想这个问题。我是琢磨已经流入市场里的茶尤其是老茶的交易问题能不能也借此解决，看来似乎还是不行啊。"

老鹰："刚才坤土之木讲的内容，让我觉得有点安全感了。在我看来，从酒庄直接拿新酒，这是关键的关键，这样入库环节最少，安全性最高。对了，买走的酒能存回去吗？"

我想了想："存肯定能存回去，刚刚川普问得其实就是这个问题。但是，如果已经提出银行，重新运回来，性质上是不同的，应该不符合直接存入这个条件。所以，我猜测这样的酒可能不适合由酒商发起撮合交易。"

老鹰："如果真能这么严格，还是挺有意思的哈。我的理解是，酒一辈子在银行里只动两次：把酒存进去算酒动了一次；中间不管你交易多少回，酒还是躺那儿睡觉；把酒取出去又算动了一次，然后这酒就在人间消失了。"

勐混："入库以后都好办，难点还是在入库前。普洱茶能不能借鉴一下刚刚那些入库的操作？"

茶小二突然发声了："我觉得可以，就是只入库新茶，从加工厂直接拉到库房。新茶确实比较安全，因为价格便宜，犯不上作假，能够从源头保真。"

老鹰继续泼冷水："拉倒吧，有些新茶一饼都一两万块了，还不值得作假？你这个说法不靠谱。"

川普："新茶只能说风险低，对于价位已经炒上去的新茶，保真方面确实有风险。除非你存的是不知名新茶，那在若干年内犯不上作假，安全

有保障。"

阳光:"打住,你刚刚说得这一点很好很重要。这个事情如果要做肯定要从风险最低的茶叶入手,如果说不知名的茶不值得作假,那入库前的环节就比较可靠。入库之后就好办了,存放阶段好管理,交易提取也能记录跟踪,尤其有区块链和物联网,整个流通和交易环节全都有据可查,这个事情就有点戏了。"

天线宝宝:"这是要长期作战了,有点像长线投资作 PE,得自己培育并陪伴一款茶慢慢成长起来。"

阳光的劲头上来了:"那不也挺有意思,总想赚快钱也不见得真能赚到。普洱茶的山头太多,真正开发出来还知名的,说来说去也就那几个。普洱茶有十大名寨,你看有几个人喝全过,估计名字能说全的都没几个。我反倒觉得这是个机会,莫不如从不知名的好茶入手,从源头控制质量安全,等它慢慢成长起来。找估值洼地,长期投资,这也符合投资原理。"

勐混:"有些投资是要看长线的,而且真正高收益的项目往往都是长线投资。10 年前你能想到茅台股价这么高吗? 20 年前你能想到房价这么高吗? 10 年 20 年后,难道普洱茶还会像今天这么草莽吗? 我觉得坤土之木的观点很好,中老年人才是喝茶的主力,这群人的数量越来越大,一定有助于普洱茶传播,这个长线投资值得探讨。"

勐混话音刚落,茶舍里响起了一片掌声。

勐混:"我觉得,普洱茶能不能成为一个投资品,可以从不同角度去理解。如果能成为一个大众交易品种,甚至开发出期货品种来,这肯定是最经典的情况。那如果只考虑部分人,甚至局限到我们自身,普洱茶投资是不是能谈点别的收益?"

我禁不住拍案叫绝:"勐混兄,你这句话说到我的心坎里了,我猜到你想说什么了。"

阳光乐了:"看把你激动的,你们俩一唱一和的这是什么情况?"

勐混看看我,我看看勐混,异口同声地说:"那你先说!"

## 讨论主题之三：陈年普洱茶，值得拥有！

我和勐混相互谦让了一番，还是把发言权让给了勐混。

勐混清清嗓子："多数人觉得投资结束一定要变现，收益率只能用钱来计算，对吧？那么，如果不用变现但能提高收益的行为，这里说的收益还是指钱，算不算投资？"

天线宝宝："勐混，你这话说的有点绕，不太好理解。请举个例子，辅助说明。"

勐混："这么说吧，我们现在都明白老茶的滋味最牛，但老茶实在太贵，下手买真心疼，还得担心是不是假货什么的。如果像刚才说的，我们每年都买一些价格便宜的新茶，长期坚持，比方说买上个二三十年，是不是以后就有老茶喝了。"

"二三十年后，这些茶肯定不便宜，但我们可没花多少钱，就算加上资金成本，估计也贵不到哪里去。到那个时候，我们就可以进入天天喝老茶的状态，而且越往后茶越老，滋味越好。如果没有前期买新茶的长期投入，要想以后天天喝老茶，那花费可就大了去了。这种操作方法，算不算定期投资，算不算变相实现了收益？因为我少花了一大笔钱。"

大家你看看我，我看看你，貌似找不到什么反对的理由。

我轻轻鼓了一下掌："还真让我猜中了！"

"其实这个打法在国外的葡萄酒圈很流行，有些人就是每年买一堆新酒，喝一些留一些，如此10年。等到10年后，他们就卖出之前存的酒，这酒肯定已经涨起来了，再用变现的钱买更多的新酒，如此循环。操作得好的话，他们只需要掏10年新酒的钱，就能喝上一辈子好酒。"

阳光低声重复了一句："掏10年新酒钱，喝一辈子好酒。"

老鹰眼光毒辣："你们讲得内容还是不一样，勐混的讲法不需要变现，坤土之木的讲法要变现。"

川普："但原理一样。勐混的这个打法现在不少人正在操作，当然，

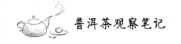

都是已经爱上茶的人。"

"这个打法，与台湾老茶人'喝熟茶、品老茶、藏生茶'的说法完全一致。在没有老茶的时候，你只能平常喝熟茶，偶尔喝老茶，但一定要认真藏生茶。这样经过若干年，你就可以进入以喝老茶为主的状态。"

天线宝宝："这个理念挺好，但也得非常热爱普洱茶的人才能坚持住，像川普兄这个级别的肯定没问题，其他人不好说。"

川普："也对，爱茶人也是水平不一。我倒是能坚持住，而且觉得特别有意思，有盼头。"

勐混："坚持几年不难，长期坚持还真有些挑战。尤其一想这茶要几十年后才能喝，太遥远了，一不小心就坚持不住了。对了，好像茶圈里有个说法——爷爷存茶孙子喝，自己存了半辈子还可能喝不着，有点打击人。"

众人纷纷表示说到点子上了。

老鹰："还是变现吸引人吧！你要说这个东西拿着等以后卖高价，大家的劲头立马就足了，而且容易坚持住，就像好多人拿房子能拿好多年。单纯说一个东西未来能变成更好的东西，这完全取决于是不是真喜欢这个东西。"

众人又是一通点头，表示这下说到心坎里了。

川普："等一下，我们能不能改一个说法？比方说老子存茶儿子喝，动力会不会大一点？比方说从二三十岁起步存茶，这样是不是盼头就大多了？"

阳光："打断一下，我跟你们再明确一下数字上的概念，茶到底存多少年才能算老茶？"

川普接过话头："这个概念还没有统一的说法，限制条件太多，以前我跟坤土之木就专门论过。目前来看，接受度相对较高的年限是30年，陈放30年以上的叫作老茶。"

听川普说完，大家就开始掰手指头计算30年后自己的岁数，多数都超过70岁，甚至有80多岁的。尽管如此，大家仍然表示基于人均寿命仍然在延长的情况，这个事情还是值得一试。

天线宝宝眼珠转了转："茶小二，你这儿生茶年头最久的是哪一年？

还有没有存货?"

茶小二:"我想想啊……生茶年头最久的大概是 2010 年的贺开,还有一点点样品,其他的都被坤土之木抢走了。"

天线宝宝一拍我:"啊,被你抢到前面了!坤土之木,你这一下就少等 10 年啊,再过 20 年,你那些茶就成老茶了。下手晚了,可惜可惜,我们怎么没早讨论这个话题呢?"

众人发出一阵轻笑。

想着 30 年后在座的都成了老头,我突然冒出了一个很另类的思路:"各位,我冒出个新火花,而且比较有层次,不吐不快!这几年流行一个词汇——养老规划,现在的确人们也很注重这个事情,有的买基金,有的买保险,有的存银行,现在我觉得存普洱茶也可能是个办法,当然是补充办法。"

老鹰一瞪眼:"又回到老问题上了,那也得等能卖才行。"

我摇摇头:"我要说的是个多层次概念,没说一定要卖,当然能变现最好。此事应当从长计议,风物长宜放眼量。站在中青年人的角度上,离退休还有二三十年时间,完全可以每年买固定额度的茶,参照基金定期投资的方法来操作。"

"既然还有二三十年,没准这期间我们把普洱茶银行和普洱茶评级什么的搞出来了呢?普洱茶变现也许就不难了。如果实现了这个状态,那存下来的茶肯定价值不菲,每年可以变现一部分,这些钱可以用来补充日常生活费用。按照之前普洱茶的涨价幅度算,每年变现的也许就不是零花钱的概念,没准光这一项收入就能覆盖费用。"

"退一步讲,如果到那时普洱茶还是变现不了,也没关系,那就干脆拿出来喝。我们这些年喝老茶的体会是什么,老茶的茶气更足,对身体的帮助更大。按照三宝老师的健康判定三原则:身体垃圾多不多、经络通不通和气血足不足。这种高品质的老茶绝对有助于深层次的健康保健,这么坚持喝下去,很可能让我们喝出一个健康的身体来,这也是省钱,不同样有意义?当然了,这一点是对相信中医的人来说。"

"那我们就换个角度,从西医角度看老茶。专家在研究普洱茶生化指标时发现了一个重要现象:茶黄素和茶褐素的保健作用很突出!茶黄素和茶褐素从哪儿来的呢？答案是——由儿茶素氧化而来，重要的事情说三遍：氧化！氧化！氧化！按照现代科学的说法，普洱茶从新茶变成老茶就是一个持续氧化过程，而熟茶算是人工加速氧化的成果。老茶和熟茶的汤色深，就是因为茶黄素和茶褐素变多了！接下来说说它们的西医保健作用。"

"先说茶黄素，最常见的功能是降胆固醇和改善肝脏功能，这听上去就不错吧？还有个更吸引眼球的功能——抑制冠状病毒！这个成果是台湾专家搞出来的，研究成果发表在美国 FDA 旗下的医学杂志——《循证补充替代医学》上。这个研究比较了四种茶，确认茶黄素含量多的——普洱茶和红茶，抑制'冠状君'的效果很明显，而绿茶和乌龙茶的效果不怎么样。凶名赫赫的冠状病毒，茶黄素都能上去 PK，这个功能牛吧！所以，按照西医健康理念我们也能得出一个结论：富含茶黄素的陈年普洱茶要多喝！"

"再来说说茶褐素，直接划重点：软化血管、降血压、降血脂、降解尿酸，还能治疗 Ⅱ 型糖尿病的并发症，这都是用现代科学方法得出的结论。关键的关键，用喝普洱茶的方式预防高脂血症，可没什么副作用！相信大家多少听说过心脑血管疾病的危害，也知道老年人心脑血管疾病的发病率更大。单凭这一点，陈年普洱茶的重要性就了不得，新茶可没有这么大的效果。所以，最不济的情况就是把老茶当成一款有品质好味道的健康饮料，帮我们预防一下心脑血管病，相信对自己、对家人都大有好处。这么理解的话，存茶难道不是一个值得长期坚持的好事情？"

"说一千道一万，观点汇成一句话：不管能不能投资，陈年普洱茶，值得我们拥有！"

此处有掌声。

# 后　记

　　或许是因为证券行业的职业习惯，之前的我只知红茶与绿茶，绝对是茶中"小白"。一个偶然的机会，让我因为葡萄酒，爱上普洱茶，从此一发不可收拾。

　　在学茶路上，我的确走过一些弯路，但更多的感受却是幸运。正是在多位爱茶人的指点和帮助下，我才得以在繁忙工作之余，不紧不慢地步入纷繁复杂的普洱茶世界，并为之深深陶醉。卓越的引路人，是我体验、感受、理解并最终爱上普洱茶的关键所在，没有他们，我不会如此深爱普洱茶。

　　首先，我要感谢泉景先生。毋庸置疑，泉景先生是我学茶路上最重要的老师，没有他的无私帮助和指导，我不知会在初学路上蹒跚多久，甚至能否坚持下去都未可知。其次，我要感谢三宝老师。多年来，三宝老师不厌其烦地帮我建立起对茶气的理解，我才知道普洱茶不仅是一款好喝的健康饮料，更是一款药食同源的天赐佳品。再次，我要感谢川普先生和易武先生，他们联袂向我展现了精细方法探茶的巨大魅力，为我打开了洞察普洱茶世界的另一扇窗户。在我的学茶路上，泉普、资繁业茂、真源无味、竞恒无尽、天行健、茶小二他们也向我提供了不可或缺的帮助，在此一并致谢！

　　希望这本对话体小书，能让更多人在轻松阅读中了解和关注普洱茶，并在未来体验并爱上普洱茶！

　　谨以此书献给我的师长、朋友和家人！

坤土之木

2020.5.19